不失敗
西點教室

經典珍藏版

660張圖解照片
＋近200個成功秘訣，做點心絕對沒問題

暢銷食譜作者
王安琪 著

朱雀文化

目錄
Contents

超值回饋大贈送！
特別挑選出目前蛋糕麵包店和網路最受歡迎、且適合烘焙新手的6道西點，讓讀者學會更多美味甜點。

最受歡迎的西點篇

可麗露 142

咖啡菠蘿泡芙 145

●咖啡奶油布丁餡 147

茅屋起司派 148

法式鹹蔬派 150

楚弗杯子蛋糕 152

●香吉士克林姆 153

鄉村黑麥麵包 154

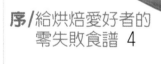

序/給烘焙愛好者的
　　零失敗食譜 4

製作西點的工具材料 5

製作西點的基礎常識 13

餅干、塔派篇

香辣起司餅 18

玉米脆片小餅 20

巧克力榛果雪球 22

果醬奶酥 24

芝麻薄酥 25

核桃塔 26

●核桃葡萄乾餡 27

脆皮椰子塔 28

●椰子奶油餡 29

蛋塔 30

●蛋黃餡 31

草莓酥塔 32

●克林姆餡 34

栗子薄酥 36

●栗子餡 37

巧克力酥條 38

蘋果派 40

●蘋果餡 42

培根起司派 44

奶油檸檬派 46

●奶油檸檬餡 48

波士頓派 50

起酥蛋糕 52

**慕斯、起司、
蛋糕篇**

草莓慕斯 56

巧克力慕斯 60

芒果慕斯 62

奶油泡芙 64

●奶油布丁餡 65

焦糖布丁 66

義大利奶酪 68

原味起司蛋糕 70

大理石起司蛋糕 72

提拉米蘇 74

輕乳酪蛋糕 76

巧克力戚風蛋糕 78

香草海綿蛋糕 80

檸檬蛋糕 82

美式舒芙里 84

黑森林蛋糕 86

蜜果奶油蛋糕 90

布朗尼蛋糕92

香杏蛋糕 94

沙哈蛋糕 96

藍莓瑪芬 98

天使蛋糕 100

杏仁貝殼蛋糕 102

南瓜蜂蜜蛋糕 104

菠蘿麵包 110
● 菠蘿皮 112

蔥花麵包 114
● 蔥花餡 115

紅豆麵包 116
● 紅豆餡 118

芋頭麵包 120
● 芋頭泥 122

沙拉麵包 124
● 蔬菜沙拉餡 126

全麥葡萄麵包 128

牛角可鬆 130

丹麥吐司 132

水蜜桃丹麥麵包 134

法國麵包 136

白吐司 138

麵包篇

製作好吃麵包的

重要材料 106

麵包的基本麵糰製作108

關於西點，我有問題！

＊製作不失敗西點的祕訣？......P.35

＊如何挑選烤箱？......P.43

＊烘烤西點時，可以打開烤箱門嗎？
......P.43

＊模具如何清洗及保存？......P.43

＊為何雞蛋使用前，必須放室溫退冰？
......P.49

＊為什麼蛋白無法打發？......P.49

＊蛋白打發後，為什麼需要分兩次拌入
蛋黃糊中？......P.49

＊為什麼打蛋要隔水加熱?......P.49

＊提拉米蘇是蛋糕還是慕斯？......P.59

＊吃素的人可以吃慕斯嗎？......P.59

＊如何判斷糕點烤好了沒？......P.59

＊烤好的蛋糕為什麼會塌陷?......P.59

＊酵母有哪幾種？......P.113

＊高筋、中筋、低筋麵粉該如何使用？
......P.119

＊泡打粉和酵母粉有何不同？......P.119

＊配方中的細砂糖可以減少嗎？
......P.119

＊可以使用鮮奶代替奶水嗎？......P.119

＊植物和動物鮮奶油使用的方式，有何
不同？......P.123

＊奶油放置室溫待軟化的目的？
......P.123

＊如何製作出漂亮的餅干？......P.123

＊西點的保存方式?......P.123

＊有些麵糰為什麼要冰過才可使用？
......P.127

＊預做備用的麵皮冰凍得太硬時，如何
處理？......P.127

＊麵糰要揉到什麼程度才算光滑有彈性？
......P.127

＊如何讓麵糰發得好又漂亮?......P.127

＊為什麼麵包店的麵包放置三天都不會
變硬?......P.127

＊過期的食材或原料直接丟掉？......p.140

＊該如何存放烘焙材料？......p.140

＊製作時找不到失敗的原因怎麼辦？
......p.140

＊打發雞蛋一定要用剛買回來的嗎？
......p.140

＊鮮奶油該如何選擇使用？......p.140

＊奶油該如何選擇使用？......p.140

給烘焙愛好者
的零失敗食譜

當接到編輯告知我這本《不失敗西點教室》有意改版增訂的消息時，我雀躍的心情彷彿像是第一次當媽媽。

當年，非常幸運的與朱雀文化合作，並展開我人生中一連串參與食譜設計開發與廚藝教學的工作。這些年來我對西點的興趣從沒減少過，而這本食譜也一直伴隨在身邊，由於太過於翻閱而導致書皮早已脫落了。回首當初製作這本書的時候我還只是1個孩子的新手媽咪，而現在的我，已經是個身邊隨時圍繞著3個寶貝的正港老媽了。

這本書從出版以來，一直受到許多讀者的喜愛，為了感謝大家的支持，這次的改版，除了將原有的點心中一些配方再做調整，讓新手操作上更易成功之外，另外還增加了目前蛋糕麵包店、網路最受歡迎的西點，以及最流行的可麗露，每一道都經過書籍相關工作人員的嚴格把關，可算是口味嚴選、滿意保證。我還加上了關於製作上的詳細解釋，絕對適合推薦給有心進入烘焙世界的新手們。

這是一本我個人非常喜歡的西點作品集，回首當年的我接下這份任務完全憑藉著一股熱情和傻勁，可算是初生之犢不畏虎，而真正讓我佩服的是朱雀文化的勇氣。再一次感謝朱雀文化和讀者給我這個機會，讓我可以再與攝影大師徐博宇合作，透過他多年專業的攝影鏡頭，讓我的作品加分了不少，我要祝福所有和我一樣喜歡動手做點心的朋友，特別是新加入烘焙西點的新手們，願每個人都能在烘焙的世界裡悠遊自在、隨心所願，享受每一次成品出爐的樂趣。

王安琪

製作西點的工具材料

想學習做西點前，一定要先看看這些
工具材料長什麼模樣，並了解它們的功能及特性後，
再前往烘焙材料行選購，才不會逛了老半天
找不到想要的東西。為了讓讀者了解產品市價，
我特地花了許多時間至各店家查詢，
材質、尺寸與品牌均會影響訂價，
所以以下的數字僅供參考，但不會變動太大。

工具

有心學習西點的人，不需要一開始就花費一大筆錢將所有的器具買足，
建議你先將基本配備準備齊全，待技術磨練成熟後，再慢慢添購其他的器具。
以下是本書會運用到的工具，對於第一次做西點的初學者，可先採買標示「＊」的基本工具。

稱量與測量工具

1

＊磅秤（圖1）

磅秤有傳統式磅秤及精密電子秤兩種，傳統式磅秤最小測量單位為1公克（g.），精密電子秤為0.1公克。建議你準備1～2公斤的磅秤即可。目前精密電子秤售價已很便宜，優點是可以精準的測量公克數，還可以累計總和，使用起來很方便。

＊量匙（圖1）

計量少量材料的工具，通常是4支一組串在一起，分別是1大匙、1茶匙、1/2

茶匙和1/4茶匙，量取時必須將材料裝盛到平平的量匙面才準確：1大匙＝15c.c.、1茶匙＝5c.c.、1/2茶匙＝2.5c.c.、1/4茶匙＝1.25c.c.。

＊量杯（圖1）

有塑膠、鋁製及玻璃製三種，選擇透明、刻度清楚容易看為佳，杯緣會標示4個刻度（1/4cup、1/2cup、3/4cup、1cup），同樣也是量到平杯面為準。常見的容量為225c.c.（本書所用）、240c.c.。

溫度計（圖2）

可以測量水溫、麵糰發酵溫度、融煮巧克力或奶油的溫度，測量範圍至少需要-10～200℃才足夠。

＊量尺（圖2）

準確測量麵糰的尺寸和蛋糕的長寬高度，選

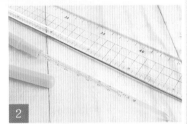

2

擇塑膠材質較適宜，用畢後務必清洗乾淨，最好再以保鮮模包裹，可至文具用品店購買1支50公分的量尺。

- ●傳統磅秤約150～400元
- ●電子秤約550～2,000元
- ●量匙1組約20元
- ●鋁製量杯約50元
- ●溫度計1支約200元
- ●量尺50公分約40～60元

攪拌與打發工具

3

＊打蛋器（圖3）

分為手動式和電動式兩種，手動打蛋器以網狀最多，可用來攪拌少量材料，如：打蛋、打發鮮奶油以及拌勻的動作，選購時以鐵絲條數多、彈性佳、體長約30公分的打蛋器為佳。電動式的打蛋器有座式及手握式兩種，

攪拌起來又快又省力，通常附有打蛋及攪拌麵糰的攪拌頭。

研磨機及研磨板（圖4）

研磨機可將水果打成泥、打碎食物（如：餅乾、核果）以及磨碎咖啡豆。研磨板表面具有孔洞，可刨絲（如：蘿蔔絲、起司絲）、磨皮

（如：檸檬皮、柳橙皮）及磨泥（如：蘋果泥），以不鏽鋼材質且堅硬為佳。

食物調理機（圖5）

可用來攪拌麵糰、奶油，還可以將蔬菜切

絲、切條和切片，屬於多功能攪拌機。

＊攪拌盆（圖6）

選擇不銹鋼、玻璃、瓷碗或塑膠材質皆可，不銹鋼盆傳溫速度快，適合隔熱水融化巧克力或打發蛋黃，也可以隔冰水打發鮮奶油；玻璃、瓷碗和塑膠盆都很適合攪拌麵糊和鮮奶油，而且攪拌的過程不會因為打蛋器沿著盆子的邊緣攪打而掉漆，反而可以將蛋白打得非常亮亮。攪拌盆最好多準備幾個，剛買回來的鋼盆若有黑黑的痕跡，可以加點醋和洗潔劑清洗，再用大量的水沖洗乾淨。

＊橡皮刮刀（圖6）

質地柔軟的橡皮刮刀多用來混合材料及攪拌麵糊，還可以抹平麵糊，使烤出來的蛋糕表面較平整。橡皮刮刀不耐熱，若長期攪拌熱的材料會讓橡皮材質變軟，所以建議再購買1支木製的刮刀。

刮板（圖6）

由塑膠或白鐵材質製成，是取較硬麵糰不可缺少的工具。

- 手動網狀打蛋器約100～200元
- 電動式打蛋器約600～20,000元
- 食物調理機約4,000～6,000元
- 研磨機約2,000～2,500元
- 研磨板約180～300元
- 攪拌盆約100～1,000元
- 橡皮刮刀約80～400元
- 刮板約30～150元

模具

＊蛋糕模型（圖7）

分為圓形、方形及三角形等，形狀不勝枚舉。製作輕質蛋糕（如：戚風、海綿蛋糕）最好使用底部可活動的蛋糕模（不需抹油）較方便；製作重質蛋糕（奶油含量較高）應選擇底部不可活動的非活動（需抹油）蛋糕模或不沾模蛋糕模（鐵弗龍材質）為宜。

塔模、派模（圖8）

分為可脫底的活動烤模及不能脫底的烤模兩種，先購買8吋塔模及派模各1個。若填入較多餡料時，最好使用可脫底的活動烤模；不可脫底的烤模使用前必須先抹一層薄薄沙拉油或奶油，也可以鋪1張烘焙紙，以防止沾黏而較好脫膜。

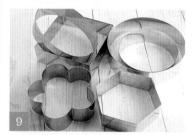

慕斯模（圖9）

為空心的模具，有圓形、方形、橢圓形、三角形、六角形、梅花形、水滴形、心形等。

吐司模（圖10）

分為加蓋和未加蓋兩種，也可以當作長型蛋糕模。

空心壓模（圖11）

各式各樣的造型，如：心形、星星、動物及花卉等，可做造型餅干或直接在擀好的麵皮上按壓成薄片。

舒芙里杯（圖11）

製作舒芙里時常用的模具，可選擇玻璃或陶瓷製品，模具側邊必須與底部垂直，麵糊才能直順膨脹到最佳的高度。

12

13

布丁模、果凍杯（圖12）

製作布丁、果凍或傳統蛋塔的模具，通常模型邊緣具有波浪紋路，可為布丁及果凍的外觀加分。建議使用附含杯蓋的模具，可避免因冷藏後水分流失或是表面乾化。

＊紙模、錫箔紙模（圖13）

剛學習做西點時，不需要馬上購買白鐵模具，可先利用價格便宜的紙模練習，雖然無法重複使用，但是烘焙完後即可直接撕開紙

模，非常方便好用；且以紙模裝盛的西點很適合送禮。

14

造型模（圖14）

可選擇一些依實物鑄造出來的烤模造型，如：南瓜蜂蜜蛋糕、貝殼蛋糕模。

- ●6吋圓模約160元～300元
- ●8吋的派塔模約250元
- ●小型派塔模約40元
- ●小的方形慕斯模約40元
- ●6吋慕斯模約200～300元
- ●吐司模約180～350元
- ●空心模約30～120元
- ●舒芙里杯約60～160元
- ●鋁製布丁杯約40元
- ●果凍杯1包10個約20元
- ●紙模1包1.000個約145元
- ●9吋派盤錫箔紙模1包15個約100元
- ●南瓜蜂蜜蛋糕模約350～600元
- ●貝殼蛋糕模約350～600元

刀具

15

鋸齒刀（圖15）

用來切割蛋糕或麵包的工具，較不容易產生麵包屑，且切割出來的外型較整齊漂亮。

滾刀輪（圖15）

又稱切派刀，有平齒及波浪齒兩種，可用來

切割麵皮、派或披薩。

蛋糕劍（圖16）

方便劍起蛋糕的工具，尺寸依所需選購。

脫模刀（圖16）

以橡皮材質為佳，只要將脫模刀沿著蛋糕邊

16

緣插入底部，再順著模型劃一圈即可將蛋糕脫模，非常方便好用。

削皮刀（圖16）

去除水果皮（如蘋果、柳橙）時，很方便又安全。

- ●鋸齒刀約350元～1.000元
- ●滾刀輪約250元
- ●蛋糕劍約180元
- ●脫膜刀約120元
- ●削皮刀約10元

擠花與塗抹工具

17

擠花袋（圖17）

製作夾心餅干、擠奶油花時不可缺少的工具，前端可裝上金屬花嘴，把餡料或鮮奶油

裝入圓錐形袋子中。擠花袋可選擇尼龍製品，使用後須以熱水洗淨晾乾；也可利用烘焙紙捲成擠花袋，用完直接丟棄。

擠花嘴（圖17）

有各種形狀的擠嘴（如：圓形、星形），圓形花嘴只能簡單描繪線條及文字；星形花嘴可以擠出波浪狀或漩渦狀，選購時以鐵皮及不鏽鋼材質為佳。

18

奶油抹刀（圖18）

塗抹鮮奶油或是將糕點翻面的工具，刀刃愈薄愈理想。

轉盤（圖18）

台上可放烤熟的蛋糕或派，可邊旋轉邊塗抹鮮奶油；若糕點吃不完時，可另外再買1個透明的轉盤蓋子保新鮮。

＊毛刷（圖18）

塗抹果醬或蛋黃液於糕點表面，也可以沾沙拉油或奶油塗於烤盤或烤模內；應選擇不易脫毛的毛刷，使用完後要洗淨晾乾。

- ●尼龍製擠花袋約180元
- ●擠花嘴約40～220元
- ●奶油抹刀約250元
- ●轉盤約350元
- ●透明轉盤蓋子約250元
- ●毛刷約30元

包裝工具

餅干袋（圖19）

可以盛裝烤好的餅干，封口再打個蝴蝶結增添價值感，市面上有許多花樣可供選擇；也可以向麵包蛋糕店或食品材料行購買。

包裝盒（圖19）

好吃的糕點若加上精巧的包裝會增加溫馨感，可至麵包蛋糕店或食品材料行購買，或到文具店選購漂亮的盒子包裝。

- ●餅干袋1包200個約400元
- ●小的方形包裝盒約10元

其他工具

＊篩網（圖20）

最主要的功能是篩粉，因為麵粉篩過後會變得鬆散細緻，攪拌時就不會結塊了；其次是裝飾用，可以將糖粉或可可粉篩於糕點表面，或濾除蛋液的泡沫，也可將黏糊狀材料壓成細泥。

＊烘培紙（圖21）

可鋪於烤盤上使烤好的餅干輕易取下；也可以裁成所需要的形狀鋪於蛋糕模內，方便蛋糕脫模。通常使用白色半透明的蠟紙，有點像墊在包子下面那種紙，也可選擇進口的烘培專用紙（像保鮮膜的包裝），或錫箔紙（亮面朝下）代替。若臨時沒有烘焙紙，也可以在烤盤或烤模內刷一層薄薄的奶油再撒高筋麵粉。

＊烤箱（圖22）

最好選購可以調整上下火溫度的烤箱，較容易將糕點烘烤均勻；若選擇單火的小烤箱也可以，但不容易掌握烤熟的時間及溫度。烤箱要夠大，至少要放得下1個蛋糕。

＊擀麵棍（圖23）

將麵糰擀平的好幫手，通常會用少許高筋麵粉（含水量較少，比中、低筋麵粉乾燥）當手粉撒於棍子和工作台上防沾。在擀麵時必須將整塊麵糰擀成相同的厚度，做出來的西點才會整齊漂亮。一般擀麵棍為木製材質，有的在棍子兩邊會有把手，有的沒有，用起來效果差不多，可依個人習慣來選購；也可以使用圓的酒瓶（如：紅標米酒瓶）替代。

分蛋器（圖23）

又稱分離器，可將蛋黃與蛋白完全分離的工具，對初學者而言，非常方便好用。

噴水器（圖23）

裝入水後，可噴撒在蛋糕或麵包表面，有些麵包（如：法國魔杖麵包、脆皮吐司）表面噴撒少許水做出酥脆的口感。

竹籤（圖24）

用來測試蛋糕是否烤熟，可將竹籤輕輕插入蛋糕中，若竹籤未沾黏任何材料，表示蛋糕已烤熟了。

＊**倒扣架**（圖24）
用來支撐需要翻轉倒置的蛋糕（如：戚風蛋糕），可以幫助蛋糕質地膨鬆、防止塌陷。

＊**鐵網**（圖24）
又稱放涼架，附有支撐腳，通常用來放置待涼的蛋糕或餅干；也可以使用烤肉架或電鍋架代替。

●篩網約120～350元
●烘焙紙1卷約65～100元

●烤箱約2,000～6,000元
●擀麵棍約100～350元
●分蛋器約70～120元
●噴水器約20元
●竹籤1包200支約100元
●倒扣架約30～60元
●鐵網約120元

材料

記得第一次製作蛋糕時，光是為了尋找書上所說的「小麥粉」，就讓我足足問遍了台北大街小巷的雜貨店，竟然沒有一家販售小麥粉，正要放棄時，有一位熱心的阿姨問我購買的目的，了解之後才發現原來我要找的東西叫做「低筋麵粉」，而我所參考的書籍卻將日文的低筋麵粉直接譯為小麥粉，害得我找瘋了！經過這次深刻的教訓，往後只要碰到不確定的名稱，我都會請教糕點師傅或直接尋找英文原意，以免重蹈覆轍；若你在烘培的過程中遇到問題，也一定要想辦法解決，這才是手藝和知識進步的原動力。

粉類

麵粉（圖1）
以小麥研磨成的麵粉，有低筋、中筋、高筋三種，是以麵粉中含蛋白質成分的多寡來分類，蛋白質溶於水中會產生具有韌性的麵筋。用不完的麵粉最好以密封罐子裝盛，放在陰涼通風處保存。

全麥麵粉（圖1）
高筋麵粉加入適當比例的小麥胚芽製成，而小麥胚芽是小麥最營養的部分，含豐富的纖維質和維生素B群，可以幫助腸胃正常蠕動，減少便秘和胃漲氣的問題，可適量添加於糕點或麵包中。

玉米粉、太白粉（圖2）
玉米粉是由玉米製成的粉類，太白粉多由馬鈴薯精製而成。添加適量的玉米粉或太白粉可以增加西點的黏稠度（如：克林姆餡、輕乳酪蛋糕）。

●麵粉500公克約16～20元
●全麥麵粉500公克約16～25元
●太白粉和玉米粉500公克約20～25元

糖類

細砂糖（圖3）
又稱細粒特砂糖，可幫助雞蛋打發、酵母發酵；溶解速度非常快，是製作西點最常使用的糖。

糖粉（圖3）
將細砂糖磨成非常細的粉末，又稱霜糖，多半撒在西點表面做裝飾；且因為細細的糖粉容易溶解，也可以加入麵糊中代替細砂糖製作餅干，減少奶油與糖混合打發的時間，讓餅干質感更酥脆。

紅糖（圖3）
精製程度較低的糖，外型為褐色粗顆粒狀，又稱赤砂糖或二砂糖，就是平常煮紅豆加入調味的糖。因為紅棕色會使西點上色，所以不適合製作白色西點，但可運用於強調鄉村風味的純樸西點（如：玉米脆片小餅、重奶油水果蛋糕）。

黑糖（圖3）
黑糖在西點食譜很少使用，但常出現於東方點心，如：日本的和果子、台灣澎湖的黑糖糕，可讓糕點充滿甘甜的香味。

果糖、蜂蜜（圖4）

具黏性及保水性，可讓西點保持柔軟滑順的口感。

- ●細砂糖500公克約16元
- ●糖粉250公克約25元
- ●紅糖450公克約30元
- ●黑糖300公克約20元
- ●果糖500c.c.約60元
- ●蜂蜜1,800c.c.約240～600元

乳製品

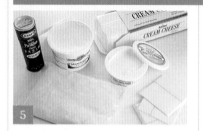

起司（圖5）

起司(cheese)又稱乳酪，製作西點的起司應選擇含水量高、質地細緻柔軟的未經發酵起司，如：瑪斯卡邦起司（mascarpone cheese）、瑞科塔起司（ricotta cheese）、考特佳起司（cottage cheese）、奶油起司（cream cheese）、酸奶油（sour cream）。一般人誤認為酸奶油就是奶油，實際上它是未經發酵最新鮮的起司。

鮮奶油（圖6）

有動物（不含糖）及植物（含糖）兩種，動物鮮奶油是由新鮮牛奶提煉而成，適合製作甜點（如：冰淇淋、慕斯）或鹹的菜餚（如：義大利麵、濃湯）。植物鮮奶油是由植物油提煉加上人工添加物製成，打發後適合塗抹於蛋糕表面。

鮮奶（圖6）

鮮奶就是瓶裝的鮮乳，請選擇原味的全脂、

脫脂、高鈣、高鐵均可；也可利用奶粉沖泡成牛奶來替代，但沖泡前請參照該品牌的沖泡方式，且須將牛奶透過篩網濾除未融化的奶粉塊才可使用。

奶水（圖6）

奶水是濃縮的牛奶，只要加入等量的水拌勻就成一般濃度的鮮奶，可至超市選購。

- ●瑪斯卡邦起司500公克約250元
- ●瑞科塔起司375公克約250元
- ●考特佳起司375公克約120元
- ●奶油起司1,000公克約235元
- ●酸奶油200公克約120元
- ●鮮奶油1公升約130元
- ●鮮奶2公升約120元
- ●奶水410c.c.約30元

油類

奶油（圖7）

分為無鹽及有鹽奶油兩種，買回來後須馬上放冰箱冷藏或冷凍；使用前切下需要的份量，再放置室溫下待軟化。

發酵奶油（圖7）

經過發酵過程製成的奶油，也可替代包酥式（麵糰或派皮中包裹奶油）的無鹽奶油。

酥油（圖7）

又稱脫水奶油，適合製作起酥類多層次的麵包，融點比奶油高較適合長時間揉製。

油（圖8）

製作戚風蛋糕時，為了不讓麵糊下沉，通常使用比重輕的液態油（如：沙拉油、橄欖

油、葡萄籽油、葵花油）取代奶油，才能烘烤出組織膨鬆的蛋糕體。上述四種油都很適合製作戚風蛋糕，但橄欖油應選擇清淡等級，因為純橄欖油的味道太重，會蓋過蛋糕本身的香味。

- ●奶油500公克約75～80元
- ●發酵奶油500公克約110元
- ●酥油450公克約100元
- ●沙拉油2公升約120～180元

膨脹劑

酵母（圖9）
是促進麵包發酵的材料，市面上容易取得的酵母有三種，為新鮮酵母、乾酵母、快溶酵母，詳細的酵母介紹見P.113。

改良劑（圖9）
添加於麵包中，讓麵糰組織更有彈性及保持麵包的柔軟度。

SP起泡劑（圖10）
使用於蛋糕中，可讓全蛋式蛋糕質地更綿密、鬆軟具彈性，一般使用的劑量比例為15公克全蛋與1公克SP起泡劑拌勻，烘焙食品材料行均有售。

泡打粉（圖10）
又稱為發粉或蛋糕速發粉，簡稱BP，可以幫助西點膨漲（如：蛋糕、司康），膨漲的原理是泡打粉受熱而產生氣體使蛋糕漲起，屬於鹼性的材料。

小蘇打粉（圖10）
本身沒有發酵作用，若與酸物混合即可發揮膨脹的效果，但切忌加太多，會很苦的。

- 乾酵母30公克約12元
- 快溶酵母40公克約20元
- 改良劑100公克約20元
- SP起泡劑100公克約200元
- 泡打粉60公克約20元
- 小蘇打粉280公克約32元

凝固劑

吉利丁（圖11）
吉利丁為動物膠的一種，有吉利丁片或吉利丁粉兩種，是製作慕斯蛋糕不可缺少的材料。使用吉利丁粉只需放入冷開水中溶解，再與其他材料拌勻；若選擇吉利丁片，則需先浸泡冷開水，待軟化後再加入溫熱的材料中融化。

洋菜（圖11）
為海藻膠的一種，為最傳統的食物凝固劑，洋菜使用前須先泡冷開水軟化，再混合材料煮開，待涼後即凝固。洋菜粉是利用新鮮洋菜研磨成粉末，更方便使用，使用前同樣先加入水中攪拌溶化，再與溫熱的材料混合。吃素者可用洋菜粉製作慕斯，雖然彈性略為失色，卻不影響美味。

- 吉利丁片10片約60元
- 洋菜38公克約37元
- 洋菜粉100公克約30～75元

辛香料

肉桂粉、丁香粉、荳蔻粉（圖12）
肉桂粉是利用肉桂的樹皮和根製成；丁香粉由丁香花苞製成，外型呈釘子狀；新鮮的豆蔻外型與杏桃很像，成熟後會自行裂開，果實再磨成粉狀。這些香料適量添加於西點中，可散發清爽的香味。

香草精（圖12）
可增加西點的香味或去除蛋的腥味，香草條是純天然的蘭科植物經發酵製成，香味最濃郁；香草精從香草條中粹取香料後再添加其他香料植物製成。也可以香草粉或香草片代替，香草片須先磨成粉狀再使用。

巴西里（圖12）
有新鮮及乾燥品兩種，新鮮的葉型呈皺縮捲狀，多用於西式料理，或當作盤飾；乾燥巴西里末可適量添加於糕點中，增加香味。

柑橘皮（圖12）
可將新鮮的檸檬皮或橘子皮磨碎或切細絲，加入麵糊中拌勻；磨水果皮時切忌磨到白色的部分，會產生苦澀的味道。

- 肉桂粉45公克約42元
- 丁香粉16公克約45～95元
- 豆蔻粉16公克約50～100元
- 香草條1條約50～100元
- 香草精118c.c.約110元
- 香草粉24公克約35元
- 乾燥巴西里7公克約42～85元

雞蛋（圖13）

新鮮的雞蛋買來時，最好放入冰箱冷藏，且注意盒子上註明的使用期限，千萬不要使用過期的雞蛋來製作西點。製作前須先取出置於室溫下稍退冰。雞蛋種類繁多，建議你都可以拿來試試看，但使用非洗選蛋時，務必將蛋殼洗淨擦乾後再使用，否則蛋液不慎沾染到蛋殼表面的污穢物，可能會導致細菌感染。

巧克力（圖14）

巧克力（如：苦甜巧克力、巧克力豆、巧克力米等）是由可可粉和可可脂加工製成，獨特的香味和口感，讓許多人為之著迷。巧克力品牌及口味很多，價格差異有如天壤之別，建議剛開始學做西點時，可先使用較平價的巧克力；等到技術日益精進後，再選用貴族等級的巧克力。

咖啡粉（圖15）

指市售即溶咖啡粉，是製作巧克力經常使用的材料，因為它的苦味可以調和巧克力的甜味，製作西點前可先倒入熱水中溶解，才容易散發香味和色澤。

可可粉（圖15）

由可可塊磨成粉末狀，可添加在麵糊中或用來裝飾西點表面（如：提拉米蘇）；書中所使用的可可粉須至烘焙材料行購買，請勿選擇沖泡飲用的可可粉。

杏仁粉（圖15）

西點中使用的杏仁粉是純杏仁磨成的粉末，與市售沖泡飲用的杏仁粉不同，沖泡飲用的杏仁粉有添加糖粉和五穀雜糧，所以不適合製作西點。

椰子粉（圖15）

由椰子的果實經乾燥製成，分為細絲狀和粉末狀，可以混合在麵糊中或用來裝飾西點表面。

水果（圖16）

製作西點的水果有新鮮水果（如：水蜜桃、草莓、柳橙等）、罐頭糖漬水果（如：藍莓、紅櫻桃、綜合水果等）、乾燥水果（如：葡萄乾、鳳梨乾、杏桃乾等）三種，這些水果無論做主角或配角，都是讓西點更好吃的重要角色。

水果蜜餞（圖17）

製作西點時，嘗試將各種蜜餞（如：橙皮蜜餞、櫻桃蜜餞、綜合蜜餞等）加入重奶油蛋糕中，攪拌前可先撒少許的低筋麵粉於蜜餞表面，如此拌入的蜜餞才容易平均分佈在蛋糕的組織中，而不至於完全下沉。

堅果（圖18）

堅果（如：杏仁片、核桃、松子、榛果、夏

威夷果仁等）不但營養豐富，且芳香可口，可加入麵糊中或切碎裝飾西點表面。重奶油蛋糕、捲心蛋糕或慕斯中加入適量的堅果，可以增加芳香的嚼感，用不完的堅果可放冰箱冷藏或放置陰涼處保存。

酒（圖19）

製作西點常用的酒類，如：蘭姆酒、白蘭地酒、咖啡酒、水果酒、柑桔酒、薄荷酒等，添加適量的酒是為了讓口感有變化，或具染色的效果。

- ●咖啡粉100公克約105元
- ●可可粉266公克約115元
- ●杏仁粉500公克約195元
- ●椰子粉100公克約16元
- ●水蜜桃罐頭825公克約50～65元
- ●紅櫻桃粒453公克約150元
- ●葡萄乾500公克約60元
- ●綜合水果蜜餞600公克約100元
- ●杏仁片1,300公克約380元
- ●夏威夷果仁340公克約380元
- ●開心果仁200公克約230元
- ●核桃200公克約90元
- ●松子300公克約100元
- ●雞蛋1盒10個約28～34元
- ●苦甜巧克力1,000公克約150～550元
- ●巧克力米300公克約100元
- ●國產藍姆酒500c.c.約200元
- ●進口藍姆酒500c.c.約400元
- ●國產白蘭地600c.c.約400元
- ●進口白蘭地750c.c.約900元
- ●進口柑橘酒(君度橙酒)350c.c.約350元

製作西點的基礎常識

製作西點的成功秘訣除了要掌握材料和步驟外，
也要了解西點常用的術語，
以及最基本的常識，
如此才能夠更輕鬆容易的製作出好吃的點心。

使用量匙
粉類、糖類（如：細砂糖、紅糖等）以刮平表面為基準（圖1）；液體（如：鮮奶、洋酒、水等）以滿匙即將溢出的份量為原則；葡萄乾、堅果類大約裝到與量匙表面等高即可。計量糖類或粉類時，為避免塊狀現象，必須先將塊狀物敲碎。

粉類過篩
高筋麵粉筋度高不容易結塊，所以製作麵包時，不需要過篩就可以使用；製作饅頭、包子的中筋麵粉，若放在冰箱過久而吸收了水氣，最好先以篩網過篩後再使用；低筋麵粉最容易結塊，使用前一定要篩過，有些食譜會交代要過篩3次，目的是讓麵粉的組織更細，確保糕點的品質優良；但剛買來的麵粉過篩1次就可以，若長期擺在冰箱就有必要多過篩幾次才方便與其他粉類拌勻（圖2）。

奶油軟化
製作餅干和蛋糕前，可先將奶油自冰箱取出後放置於室溫下待軟化；夏天軟化的時間約30分鐘，冬天約1個半小時至2個小時。軟化的程度判斷，可用手指輕壓出1個凹洞即可（圖3）。

手粉
搓揉麵糰時，因為摩擦生熱而導致麵糰出油，而不容易搓揉成糰狀；若此時撒上適量的高筋麵粉，就可以預防出油的狀況。

預熱烤箱
將麵糊或麵糰放入烤箱前，必須先預熱使熱氣均勻分佈整個烤箱，若未先預熱很容易造成麵糊消泡或麵糰再度發酵。預熱的方法：先設定點心預烤的溫度，若預烤溫度在150℃以下，則預熱時間約5～10分鐘；若200℃以上的高溫，則預熱時間約10～25分鐘。市面上新型的烤箱右下角會有1個小燈，預熱時小燈會亮起，待到達預熱的溫度時，小燈就會熄滅，這時就可將麵糊放入烤箱了。

蒸烤
在烘烤的過程製造大量的水氣和熱氣將點心烤熟，讓糕點質地更滑嫩；通常烘烤起司蛋糕、焦糖布丁需要採用蒸烤的方式，做法：深度烤盤中倒入約1～2公分深的熱水，將盛麵糊的模型放入烤盤上烘烤。

著色
麵糰或麵糊在烤製的過程中，因為受熱而顏色變深，當顏色呈現金黃色時，就代表已經烤熟了，若再烤下去則會烤焦；所以觀察顏色是判斷烤熟與否的方法之一。有時候我會依照香味來判斷，當聞到餅干或蛋糕的香味散出時，就代表點心已經烤熟了。

巧克力蒸氣融化

巧克力可採隔熱水快速融化，最好使用不鏽鋼盆（務必拭乾）裝盛材料，因為不鏽鋼盆導熱速度快。底部盛熱水（約90℃）的盆子要小一點（圖4），讓裝盛巧克力盆子的底部不會接觸到熱水（若直接接觸熱水，容易導致材料熟化而影響品質），應讓大盆直接卡住小盆（圖5），利用蒸氣上升幫助材料融化

（圖6）。攪拌的過程中不可以讓水氣跑入盆子裡，否則巧克力馬上會變成一團，很難與其他材料融合。融化好的巧克力若不馬上使用，請準備一盆60℃的熱水，再將裝盛巧克力的盆子放入熱水中保溫，通常冬天會需要保溫的動作。

奶油打發

奶油混合細砂糖攪拌至呈乳白色，且組織類似絨毛狀態（圖7）。

全蛋

書中所指的全蛋，都是去殼後的重量，一般盒裝大顆雞蛋去殼後的重量約50公克，蛋白約30公克、蛋黃約20公克。

分蛋方法

利用分蛋器（又稱分離器）分蛋：下面放1個容器，將蛋殼敲碎剝開後打入分蛋器內（圖8），蛋白會流入容器中剩下蛋黃（圖9）。

全蛋打發

利用打蛋器將蛋液打至濃稠，份量增加至原來的4～5倍，舉起打蛋器時，蛋液會呈倒三角形慢慢流下且可以劃線不消失的程度（圖10）。

蛋白打發

(1)粗粒泡沫狀：蛋白剛開始攪拌時，會產生很多的小泡沫（圖11），這時蛋白還沒完全充份攪拌，所以稱為粗粒泡沫狀，通常在此時加入細砂糖。

(2)濕性發泡：蛋白與細砂糖混合攪拌至呈漂亮銀白色，舉起打蛋器時蛋白會在尾端形成倒勾狀，且蛋白不掉落（圖12）。

(3)乾性發泡：再繼續攪拌至蛋白堅硬、尖端直立不下垂即可（圖13）。

蛋黃打發

蛋黃加細砂糖混合攪拌（圖14），打發至呈乳

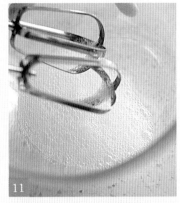

11

14

17

12

15

18

13

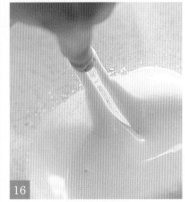

16

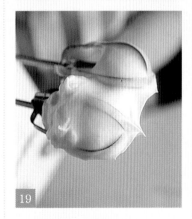

19

白色且濃稠（圖15），以手指勾起蛋黃糊不斷裂即可（圖16）。若想快速打發蛋黃，也可以利用隔水加熱法，但蛋黃很容易黏在盆邊而變硬，所以要準備橡皮刮刀，隨時將黏在邊緣的蛋黃刮下來混合攪拌均勻。

鮮奶油打發

做為擠花用的鮮奶油必須完全打發，攪打時底下必須墊一盆冰水（圖17），因為鮮奶油在低溫下（約-5℃）最容易打發，且可縮短打發的時間。若直接攪打，很容易因摩擦生熱而影響打發效果，這時需要靠冰水來降溫。鮮奶油打發至體積膨脹數倍且濃稠時為六分

發（圖18），再繼續攪打至附著在打蛋器上不掉落的現象為完全打發（圖19）。

出筋

麵粉經過攪拌或搓揉後會產生筋度，麵包就是靠筋度產生彈性；但是製作蛋糕時，應避免出筋狀況，很容易導致蛋糕質地硬梆梆。

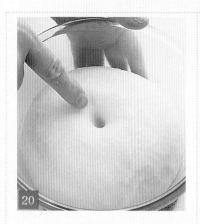

20

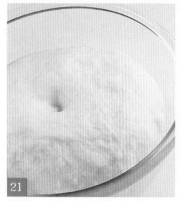

21

22

23

鬆弛

麵糰經過摔打搓揉後，組織會變得緊縮，就像是剛跑完百米的運動選手需要休息喘氣一樣，麵糰經過休息後的組織會恢復正常彈性，此時才容易將麵糰整型。

發酵

麵包或包子都需要酵母菌幫助麵糰膨脹，這個過程就稱為發酵。剛開始若無法準確控制發酵的程度，可參考以下兩個經驗法則，第一是季節辨認法：夏天在室溫下發酵40～50分鐘已經足夠，冬天需要1個半小時，春秋兩季約1個小時。第二是手指觸摸法：用沾了麵粉的手指去壓發漲的麵糰，若麵糰立刻彈回原來的樣子則代表發酵尚未成功；若壓下去有一個凹洞，而且不會立刻彈回（圖20），就表示發酵成功；若壓下去後，整坨麵糰發生皺縮的現象（圖21），則代表發酵過了。當然，最科學的方法是將麵糰放入有溫濕度調節的發酵箱內，但是一般家庭不可能有此專

業設備，所以你不妨準備1支烘培用的溫度計，控制麵糰發酵空間的溫度在26～28℃間，就可以準確掌握麵糰的發酵時間了。

分割

麵糰發酵完成後，切割成數個等量的小麵糰，分割的動作都是在麵糰完成第一次發酵後進行。

整型

麵糰分割完後，可運用你的創造力將麵糰塑造出多樣的形狀，讓麵包更添生命力。

預防模具沾黏的方法

模具清洗後並擦乾，再將無鹽奶油隔水加熱融化（見P.29），用毛刷沾適量的奶油，塗薄薄一層於模具底部和周圍（圖22），再倒入適量高筋麵粉，搖勻每個角落，拍掉多餘的粉後放置一旁（圖23），可重複使用至產生顆粒狀即可捨棄。

測量單位換算表

● 液體 (如：水、鮮奶、鮮奶油、奶水、沙拉油、酒、蛋液等)
1杯=16大匙=225c.c.=8oz.
3/4杯=12大匙=170c.c.=6oz.
1/2杯=8大匙=110c.c.=4oz.
1/4杯=4大匙=56c.c.=2oz.
1大匙=15c.c.=1/2oz.
1茶匙=5c.c.
1/2茶匙=2.5c.c.
1/4茶匙=0.25c.c.

● 固體 (如：奶油、巧克力)
1oz.=28公克
2oz.=56公克
3 1/2oz.=100公克
1大匙=15公克
1茶匙=5公克
1/2茶匙=2.5公克
1/4茶匙=0.25公克
1杯=16大匙=225公克=8oz.
1/2杯=8大匙=112公克=4oz.
1/4杯=4大匙=56公克=2oz.

● 其他
麵粉1杯=20大匙=125公克
糖粉1杯=20大匙=130公克
細砂糖1杯=17大匙=185公克
玉米粉1大匙=13公克
奶粉1大匙=7公克
可可粉1大匙=7公克
蜂蜜或果糖1大匙=20公克
葡萄乾1杯=13大匙=130公克
乾酵母1茶匙=3公克
鹽1茶匙=5公克
泡打粉1茶匙=4公克
小蘇打粉1茶匙=5公克

餅干、
塔派篇

小巧可愛的餅干，是步驟容易、成功率高的點心，更可以拉近親子間的距離，讓小朋友隨性捏造屬於自己的點心造型；自然不做作的塔派，在酥脆外皮下包裹著豐富、香味濃郁的餡料，是一種讓人心情變得自由自在的點心。

香辣起司餅

香辣酥脆，屬於鹹口味的餅干，再來罐冰涼的啤酒，味道更有勁！

材料：

(1) 無鹽奶油100g.、細砂糖55g.、鹽1/8茶匙、全蛋50g.（約1個）

(2) 中筋麵粉200g.、泡打粉1茶匙、帕馬森起司粉（parmeasan）30g.、
　　　紅椒粉1茶匙、乾燥巴西里1茶匙

(3) 蛋黃液：蛋黃20g.（約1個）、水1大匙拌勻

1

奶油、細砂糖和鹽混合打發，至呈乳白色，加入全蛋拌勻。

2

加入泡打粉、起司粉、紅椒粉和巴西里，再拌入過篩的中筋麵粉拌勻成麵糰。

3

將麵糰對切一半。

4

把切半的麵糰以相疊的方式混勻，重複此動作3～4次讓麵糰均勻即可。

5

★這裡很容易失敗喔！

以保鮮膜包住麵糰，放入冰箱冷藏至少1個小時；取出後用擀麵棍擀成約0.5公分厚的薄片，切忌用力擀製。

6

用滾刀輪切成寬2×長16公分的長條狀。

7

表面刷上蛋黃液，放入烤箱烘烤後取出待涼。

不失敗祕訣：

＊此道配方的水份很少，在擀製的過程容易龜裂，所以不可擀得太用力。

＊紅椒粉的品牌，可依個人喜好選購；麵糰抹上蛋黃液後，還可以撒上少許的鹽，增添鹹味。

＊烤好的餅干可以暫時放在烤箱內約5分鐘，待水氣完全蒸發後再取出；為避免烤箱中的餘溫使餅干顏色變深，可以將烤箱門稍開啓一道縫，讓熱氣散出。

份量	18～20個
上火/下火	170℃/190℃
單一溫度烤箱	180℃
烘烤時間	15～18分鐘
模型	烤盤抹奶油or鋪烘焙紙
賞味期限	冷藏14天、室溫7天

玉米脆片小餅

每一口都充滿奶油及玉米片的香味，酥脆的口感忍不住一口接著一口，真是滿足啊！

材料：

(1) 玉米脆片100g.、葡萄乾50g.、無鹽奶油200g.、
細砂糖100g.、紅糖50g.、全蛋100g.（約2個）

(2) 低筋麵粉250g.、蘇打粉1/2茶匙

1	2	3	4

將葡萄乾泡熱開水待軟化。	取出葡萄乾,放於紙巾上拭乾。	奶油、細砂糖及紅糖放入盆內。	奶油和糖混合打發至顏色呈乳白色,分次加入全蛋繼續攪拌均勻。

5	6 ★這裡很容易失敗喔!	7

倒入過篩的粉類輕輕拌勻。	再加入玉米脆片和葡萄乾,以刀切的方式攪拌,千萬不要用力擠壓麵糰,以免玉米脆片破裂成粉狀。	以保鮮膜將麵糰包住,放入冰箱冷藏至少1個小時,取出後分成每個20g.的小麵糰排列於烤盤上,放入烤箱烘烤後取出待涼。

不失敗祕訣:

＊排列於烤盤上的麵糰不需要刻意搓揉或壓扁整型,以免玉米脆片裂成粉狀,失去脆度。

＊建議使用不甜的玉米脆片,可避免餅干的口感過甜。

＊紅糖又稱赤砂糖或二砂糖,外型為褐色粗顆粒狀,一般超市或雜貨店就可買到。

份量	40個
上火/下火	170℃/190℃
單一溫度烤箱	180℃
烘烤時間	13～15分鐘
模型	烤盤抹奶油or鋪烘焙紙
賞味期限	冷藏14天、室溫7天

巧克力榛果雪球

濃醇的巧克力香，又帶點淡淡的咖啡味，
嚼感十足的榛果更提升了餅干的質感。

材料：

(1) 榛果50g.、苦甜巧克力100g.、
　　　無鹽奶油125g.、細砂糖100g.

(2) 全蛋50g.（約1個）、低筋麵粉290g.、
　　　蘇打粉1/2茶匙、即溶咖啡粉10g.、
　　　糖粉適量

1

1.榛果放入200℃的烤箱中烘烤5～7分鐘，取出放在乾淨的布上搓揉去殼。將榛果放入研磨機內打碎，或利用刀背壓碎。

2 ★這裡很容易失敗喔！

巧克力切小塊，放入大盆內。煮一鍋滾水，倒入小盆中，將裝巧克力的大盆置於小盆上，底部不得直接與滾水接觸，利用蒸氣將巧克力融化。

3

奶油與細砂糖混合打發，至顏色呈乳白色後，加入全蛋繼續攪拌均勻。

4

倒入融化的巧克力攪拌均勻。

5

低筋麵粉和蘇打粉過篩後，與咖啡粉一起倒入巧克力糊中拌勻。

6

再加入榛果拌勻，將拌好的麵糰整成長方塊，以保鮮膜包住，放入冰箱冷藏至少1個小時。

7

麵糰取出後切割成每個15公克的小麵糰，搓揉成圓球狀；表面均勻的覆上糖粉。

8

將麵糰排列於烤盤上，放入烤箱烘烤後取出待涼。

不失敗祕訣：

＊隔水加熱的容器，應選擇導熱速度快的不鏽鋼盆，利用熱蒸氣上升來融化材料（如：巧克力或蛋黃）。須注意裝盛材料的上盆底部不可直接碰到下盆的熱水，否則巧克力容易焦掉。

＊若覺得咖啡味太濃，可以將咖啡粉的份量減半或不加；榛果可以改用腰果、核桃或杏仁替代，有不一樣的口感喔。

份量	48個
上火/下火	170℃/190℃
單一溫度烤箱	180℃
烘烤時間	13～15分鐘
模型	烤盤抹奶油or鋪烘焙紙
賞味期限	冷藏14天、室溫7天

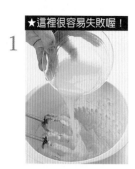

1

糖粉和奶粉過篩後與
奶油混合打發，至顏
色呈乳白色。

2

加入過篩的麵粉繼續
拌勻，再加入香草精
和鮮奶油拌勻成麵
糊。

3

將麵糊裝入擠花袋
內，以大口徑菊花嘴
擠出直徑約4公分的圓
形於烤盤上；麵糊中
間以手指輕壓1個凹
槽，擠入適量果醬，
放入烤箱烘烤後取出
待涼。

果醬奶酥

西式喜餅中一定會
有的小點心，酥鬆可口的質地，好幸福的感覺！

材料：

(1) 無鹽奶油220g.、糖粉110g.、奶粉30g.、全蛋50g.（約1個）

(2) 低筋麵粉150g.、高筋麵粉150g.、動物鮮奶油3大匙、香草精1/2
茶匙、草莓果醬2大匙

不失敗祕訣：

＊將全蛋打散後慢慢倒入奶油
糊中拌勻，千萬不可一口氣
倒進去，容易拌不勻的。

＊沒有立刻烘烤的麵糊必須蓋
上保鮮膜，以免麵糊接觸空
氣流失水份而變硬了。

份量	25個
上火/下火	170℃/180℃
單一溫度烤箱	170℃
烘烤時間	15～18分鐘
模型	大口徑菊花嘴，烤盤抹奶油or鋪烘焙紙
賞味期限	冷藏7天、室溫3天

芝麻薄燒

清淡爽口的芝麻香，是大人小孩都會著迷的點心。

材料：

(1) 奶油100g.、糖粉100g.、蛋白100g.（約3～4個）、動物鮮奶油2大匙

(2) 低筋麵粉100g.、蘇打粉1/2茶匙

(3) 黑芝麻2大匙、白芝麻1大匙

不失敗祕訣：

* 由於蛋和奶油的份量相同，為
了讓奶油可以完全吸收水份，
務必將打蛋器轉為慢速，或改
成人工攪拌，以免造成奶油和
蛋白混合不均勻的現象。

* 剛烤好的餅干可連烘焙紙一起
放於鐵架上待涼，別急著將餅
干鏟起來，待完全涼透才會變
硬且好吃。

份量	50個
上火/下火	130℃/160℃
單一溫度烤箱	150℃
烘烤時間	10～12分鐘
模型	烤盤抹奶油or鋪烘焙紙
賞味期限	冷藏14天、室溫7天

★這裡很容易失敗喔！

1

奶油與糖粉混合打
發，至顏色呈乳白色
後，慢慢加入蛋白拌
勻，此時將電動打蛋
器改慢速攪打。

2

倒入鮮奶油繼續拌
勻，拌入過篩的麵
粉，再放入所有芝麻
拌勻成麵糊。

3

將麵糊裝入擠花袋
內，擠出每個直徑約
2.5公分的麵糊於烤盤
上，放入烤箱烘烤至
熟後取出待涼。

核桃塔

堅果的脆度、精巧可愛的外型，好吃得停不了口！

材料：

(1) 低筋麵粉250g.、糖粉100g.、無鹽奶油125g.、
動物鮮奶油100c.c.、鹽1/2茶匙

(2) 核桃100g.、杏仁片100g.、葡萄乾60g.

(3) 核桃葡萄乾餡510g.

1	2	3	4

塔模內塗上一層薄奶油。

低筋麵粉和糖粉過篩於盆中，倒入奶油、鮮奶油及鹽攪拌均勻。

將材料按壓成糰狀。

麵糰移至工作台上，以刮刀整平成四方形；用保鮮膜包住，放入冰箱冷藏鬆弛20分鐘。

5	6	7 ★這裡很容易失敗喔！	8

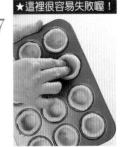

取出麵糰分成兩等份，分別以擀麵棍擀成0.5公分厚的薄片。

以直徑約4公分圓形壓模將麵皮壓出圓片。

將塔皮壓入模型內，厚度要均等。

將核桃葡萄乾餡舀入麵皮內，放入烤箱烘烤後取出待涼。

核桃葡萄乾餡

材料：

蛋白100g.（約2～3個）、細砂糖150g.、葡萄乾60g.、碎核桃100g.、杏仁片100g.、奶粉1大匙

1. 蛋白混合細砂糖打至呈粗粒泡沫狀，加入奶粉拌勻。

2. 將碎核桃、杏仁片和葡萄乾加入蛋糊中拌勻即可。

不失敗祕訣：

* 建議使用動物性鮮奶油，因為不含糖份，較不會影響整體的甜度。

* 除了核桃外，還可以添加其他的堅果類，增加豐富的口感。

* 塗烤盤及烤模的奶油需經過隔水加熱融化（見P.29）成液體狀，再塗薄薄一層於模型或烤盤上；但是不可使用塗抹麵包的軟質奶油（指冷藏也不會變硬的奶油），因為軟質奶油的水份很高，高溫烘烤時會因為水份流出而影響糕點品質。

上火/下火	100℃/130℃
單一溫度烤箱	130℃
烘烤時間	35分鐘
模型	直徑約3公分的塔模30個
賞味期限	冷藏4天

脆皮椰子塔

充滿椰子的香甜滋味，
不知不覺就想起南洋的碧海藍天，好美好舒服啊！

材料：

（1）奶粉50g.、低筋麵粉280g.、白油190g.、
　　　鹽1/4茶匙、冰水25c.c.

（2）椰子奶油餡775g.

1 	**2** 	**3** 	**4** 
奶粉、低筋麵粉過篩後，於工作台上推成粉牆。	將白油放在粉牆中間，利用刮板切成小塊。	鹽與冰水拌勻，倒入麵糊中搓揉成糰狀。	用刮板將麵糰整成四方形，利用保鮮膜包住，放入冰箱冷藏鬆弛約30分鐘。

5 	**6** 	★這裡很容易失敗喔！ **7** 	**8**
取出麵糰分成兩等份，並搓成長條狀。	以刮刀切成每塊30g.小麵糰。	將麵糰放入模子裡，以左手大姆指壓整麵糰，右手大拇指圍邊，以邊壓邊轉的方式整型塔皮，要切除多餘的麵皮。	將每個塔模放入烤盤中，舀入椰子奶油餡，放入烤箱烘烤後，取出待涼。

椰子奶油餡

材料：

全蛋150g.（約3個）、細砂糖150g.、椰子粉175g.、奶水200c.c.、無鹽奶油100g.

1. 全蛋和細砂糖混合打至粗粒泡沫狀，加入椰子粉、奶水拌勻。

2. 奶油放入鍋中，採隔水加熱法：以小火加熱至融化，熄火後倒入蛋糊中攪拌成餡料。

不失敗祕訣：

* 塔皮可一次多做些，用塑膠袋或保鮮膜包好，放入冰箱冷凍，約可保存1個月；冷藏約可保存1個星期。
* 塔皮中加入冰水，可防止油脂太軟而影響酥脆度。

上火/下火	120℃/180℃
單一溫度烤箱	150℃
烘烤時間	30分鐘
模型	直徑約5.5公分的塔模20個
賞味期限	冷藏5天

蛋塔

蛋塔就像是用塔皮包住的布丁，
每一口都可以品嘗到兩種滋味。

材料：

(1) 低筋麵粉300g.、奶粉100g.、糖粉200g.

(2) 全蛋100g.（約2個）、鹽1/2茶匙、無鹽奶油200g.

(3) 蛋黃餡720g.

1

將粉類篩在工作台上做一個粉牆，倒入全蛋和鹽。

2

加入奶油，以翻拌的方式拌勻成麵糰，蓋上保鮮膜置室溫下鬆弛約20分鐘。

★這裡很容易失敗喔！

3

將麵糰放入模子裡，以左手大姆指壓整麵糰，右手大拇指圍邊，以邊壓邊轉的方式整型塔皮，要切除多餘的麵皮。

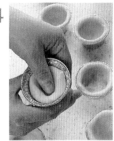

4

舀入適量蛋黃餡，放入烤箱烘烤後即可取出待涼。

蛋黃餡

材料：

水200c.c.、細砂糖75g.、全蛋200g.（約4個）、蛋黃40g.（約2個）、奶水200c.c.、香草精2茶匙

1. 將水、細砂糖倒入鍋內，以小火加熱至糖融化即可熄火，待涼。

2. 全蛋、蛋黃、奶水和香草精拌勻後，與糖水混合均勻。

3. 用細的網篩過濾3次，讓蛋黃餡完全沒有泡沫即可。

不失敗祕訣：

＊奶粉請選擇全脂較香，若怕胖的話，也可以脫脂奶粉替代。

＊若塔皮太濕無法揉成糰，可酌量加入低筋麵粉，每次以1大匙開始添加；若太乾，可再加入全蛋，每次以半個開始。

上火/下火	120℃/160℃
單一溫度烤箱	160℃
烘烤時間	25～30分鐘
模型	蛋塔專用小塔模27個
賞味期限	冷藏3天

草莓酥塔

小巧可愛的造型、
酸甜滋味融入其中，非常適合初戀情人共享。

材料：

(1) 起酥皮1張（做法見P.52）、草莓10粒、鏡面果膠適
    量、開心果仁適量

(2) 蛋黃液：蛋黃20g.（約1個）、水1大匙拌勻

(3) 克林姆餡455g.

1

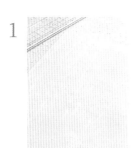

將酥皮擀成厚度約
0.5公分的薄片。

2

以直徑7公分壓模壓出
20片實心酥皮,再取
其中10片,利用直徑3
公分瓶蓋壓出空心酥
皮。

3

實心酥皮邊緣塗上蛋
黃液,以利黏合另一
片空心酥皮。

4

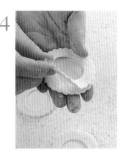

將空心酥皮蓋上去。

5

空心酥皮的周圍也塗
上蛋黃液。

6

放入烤箱烘烤後取
出,以擀麵棍將中間
凸起的部分壓平。

7

每顆草莓對切成兩片
備用。

8

烤好的酥皮,中間擠
入適量的克林姆餡。

9

放上草莓,表面抹上
鏡面果膠,再放上開
心果仁點綴即可。

份量	10個
上火/下火	200℃/180℃
單一溫度烤箱	190℃
烘烤時間	20~25分鐘
賞味期限	冷藏1天

克林姆餡

材料：

（1） 蛋黃60g.（約3個）、細砂糖60g.、鮮奶300c.c.、無鹽奶油10g.、香草精1/4茶匙
（2） 玉米粉10g.、低筋麵粉15g.

1. 蛋黃混合細砂糖攪拌均勻。

★這裡很容易失敗喔！

4. 再慢慢倒入蛋黃麵糊中拌勻，邊倒邊快速攪拌。

2. 過篩的粉類加入蛋液中拌勻備用。

5. 蛋黃鮮奶麵糊完全攪勻後再倒回鍋中，以小火加熱並不停的攪拌至濃稠滾後熄火。

3. 鮮奶以小火加熱至邊緣開始冒小泡泡，熄火。

6. 加入奶油和香草精拌勻，放置室溫下待下完全涼，再裝入擠花袋中，放入冰箱冷藏至少2個小時後使用。

不失敗祕訣：

* 蛋黃和細砂糖攪拌時，可以在下面墊一盆熱水加速糖的融化時間，融化的方法與巧克力同。
* 克林姆餡中可再添加可可粉、咖啡粉、抹茶粉（與粉類一起加入拌勻），讓甜點的味道更豐富。
* 若沒時間製作酥皮，可以選購超級市場的冷凍酥皮，不需解凍即可使用。

* 市售果膠有亮面、鏡面兩種，亮面果膠須加等量的水煮滾後使用，適合塗抹於烘烤類的西點上；鏡面果膠不須加熱即可塗抹於慕斯或水果表面。

關於西點，我有問題！

●製作不失敗西點的祕訣？

份量精確：
購買1個磅秤，正確測量所需要的材料份量，千萬不要當一個差不多先生，以免浪費了時間與金錢。

遵循步驟：
若是初學者，請依照食譜設計的配方及步驟循序漸進，千萬不要擅自修改配方或簡化步驟。

耐心等待：
製作香甜可口的糕點需要時間慢慢烘焙，就如同培養一份歷久彌新的感情也需要長期經營與關懷。若你是急性子的人，學習製作點心將可以磨練個性，尤其是多層次口感的包酥式派皮、可鬆麵包及所有的軟硬麵包，更需要耐著性子等待與製作。

重複練習：
建議你從最簡單的餅干開始製作，想到就做，並且把份量與步驟牢記，不斷重複練習到技術成熟的階段，就可以挑戰難度較高的蛋糕、麵包類。

製作筆記：
準備1本小冊子，養成隨時記錄的習慣，把每次練習的好壞心得寫下來，當作下次的參考依據，避免再犯同樣的錯誤。

不恥下問：
若遇到無法解決的困難，請到最常光顧的麵包店請教師傅，或是詢問專業的食譜老師，也可至烘焙材料行向老闆請教。

信心十足：
當一切的準備工作都做好後，請深呼吸一口氣，告訴自己：「我就是最專業的烘焙家」，製作的過程須充滿信心，一氣呵成，並且表現得像是一個傑出的指揮家，雞蛋、麵粉、糖都是你手下的團員，準備進行一場漂亮完美的演出。

Annie的經驗：
我是一個缺乏耐心的人，因此在製作西點的這條路上吃了不少虧，也浪費了許多的金錢，當年沒有人教我要有耐心，也許是年少不經事，自認製作西點是沒啥大不了的事情，所以當盡許多失敗與挫折；而為了不讓讀者重蹈覆轍，我在這本書中詳細記載成功製作西點的祕訣，即使是第一次接觸西點的人，保證都可以百分百成功，要對自己有信心喔，加油！

栗子薄酥

公主般的高雅的外型，蘊藏著豐富的栗子餡，為氣質加分了許多。

材料：

（1） 起酥皮1張（做法見P.52）、杏仁片30g.

（2） 糖漬栗子4粒、糖粉適量

（3） 栗子餡445g.

1
將酥皮擀成厚度約0.5公分的薄片,用大梅花模型壓出2張薄片。

2
表面以叉子刺出數個洞,放入烤箱烘烤後取出,待涼。

3
栗子均勻切丁。

4
取1片烤好的酥皮,表面擠上栗子泥。

5
撒上栗子丁、杏仁片。

6
蓋上另一片酥皮,中間放上1張直徑約2.5公分的紙片,表面篩上糖粉。

7
拿掉紙片,中間擠上適量的餡料即可。

栗子餡

材料:
動物鮮奶油120c.c.、栗子泥300g.、白蘭地酒25c.c.

★這裡很容易失敗喔!

1. 動物鮮奶油隔著冰水打發,至鮮奶油糊可附著在打蛋器上不掉落。

2. 栗子泥與白蘭地酒、打發的鮮奶油拌勻後,倒入擠花袋內冷藏。

不失敗祕訣:
* 市面上的栗子泥有國產和進口的,價格差異頗大,但風味差不多,可依個人預算來選擇。
* 剛做好的栗子薄酥,建議放入冰箱冷藏一段時間,你會發現更美味喔!
* 桌面和酥皮表面可撒少許高筋麵粉,防擀製酥皮時沾黏;若感覺麵皮太軟不易操作,可將麵皮放入冰箱冷藏鬆弛約30分鐘。

份量	1個
上火/下火	200℃/210℃
單一溫度烤箱	200℃
烘烤時間	25分鐘
賞味期限	冷藏2天

巧克力酥條

巧克力香味濃郁、入口酥脆，是宴會上最傑出的點心。

材料：

起酥皮1張（做法見P.52）、苦甜巧克力500g.、巧克力米300g.

★這裡很容易失敗喔！

1

巧克力切小塊，放入大盆內。煮一鍋滾水，倒入小盆中，將裝巧克力的大盆置於小盆上，底部不得直接與滾水接觸，利用蒸氣將巧克力融化。

2

在巧克力盆下墊一盆溫水（約60℃）保持微溫狀態備用。

3

將酥皮擀成厚度約0.5公分薄片，把周圍不整齊的酥皮切除。

4

將酥皮切割成長30×寬20公分的薄片。

5

再切割成長10×寬2公分的條狀。

6
將切割好的酥皮條放在烤盤上，烘烤後取出待涼。

7

兩面均勻沾裹巧克力醬。

8

最後沾上巧克力米即完成。

不失敗祕訣：

＊這道點心的巧克力份量較多，請分3～4次將巧克力融化，必要時也請更換底下的熱水，以保持熱度。

＊巧克力米可選擇純巧克力米或彩色巧克力米。

份量	30支
上火/下火	180℃/150℃
單一溫度烤箱	170℃
烘烤時間	30分鐘
賞味期限	冷藏3天

蘋果派

蘋果融合肉桂的香甜軟滑滋味，
是每個年齡層都喜歡的組合。

材料：

（1） 低筋麵粉200g.、白油100g.、冰水60c.c.、鹽1茶匙

（2） 蛋黃液：蛋黃20g.（約1個）、水1大匙拌勻

（3） 蘋果餡1,135g.

1 將低筋麵粉過篩於工作台上，形成粉牆；白油放入粉牆中，切小塊。

2 鹽和水拌勻，倒入粉料中混合。

3 仔細翻拌均勻。

4 搓揉成糰，蓋上保鮮膜，放入冰箱冷藏鬆弛30分鐘後取出。

5 將麵糰分成兩等份，其中一份以擀麵棍擀成約0.5公分厚的薄片，且直徑要比派模大約5公分。

6 擀好的麵皮放入派模內，壓平

7 邊緣用擀麵棍壓平，切除多餘的麵皮。

8 底部以叉子刺出數個小洞備用。

9 另一份麵糰也擀成0.5公分厚的薄片，用滾刀輪劃出兩條長30×寬2公分的條狀，5條長25×寬2公分的條狀備用。

10 利用剩餘的麵皮壓出6片樹葉形狀。

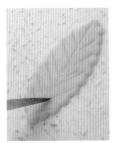

11 用小刀在樹葉表面劃出紋路備用。

12 蘋果餡倒入派盤內。

▶

13

將條狀的麵皮交叉排
列於蘋果餡表面，最
長的兩條當作中心的
交叉線。

14

把葉片圍繞於派的邊
緣。

15

麵皮表面塗上蛋黃
液，放入烤箱烘烤後
取出。

蘋果餡

材料：

(1) 蘋果4個（約900g.）、
細砂糖50g.、檸檬汁
20c.c.、無鹽奶油
50g.、肉桂粉1/2大匙

(2) 勾芡：玉米粉15g.、
水100c.c.拌勻

1. 蘋果去皮去核
後切小丁，和細
砂糖放入鍋中，
以小火慢煮至糖
融化。

2. 加入檸檬汁繼
續煮1分鐘。

3. 再加入奶油攪
拌至融化。

4. 倒入肉桂粉。

5. 再倒入玉米粉
水勾芡，待濃稠
即可熄火。

不失敗祕訣：

＊蘋果餡可以再加入20g.的葡萄乾混合，增添不
同的風味。

＊麵皮表面塗抹一層薄薄蛋黃液，可以增加光澤
度及蛋香，讓食物看起來更好吃。

＊如果不喜歡奶油味太重的蘋果餡，可將奶油的
份量改為25g.。

＊喜歡甘甜的蘋果味者，可將餡料的蘋果增加至
1,500g.。

＊派皮材料中的白油可以同份量的無鹽奶油替
代，若使用有鹽奶油時，必須將2茶匙的鹽刪
除。

上火/下火	160℃/180℃
單一溫度烤箱	170℃
烘烤時間	25～30分鐘
模型	9吋活動派盤1個
賞味期限	冷藏2天

關於西點，我有問題！

●如何挑選烤箱？

請選購可以獨立調整上下火溫度及時間的烤箱，售價約2,000～6,000元，通常可以放進1個9吋的蛋糕或1隻全雞的容量。溫度從最低溫（25℃，並非0℃）至250℃，刻度劃分越細越好，一般烤箱的最低溫並沒有顯示溫度，但這並不代表0℃，而是適合麵糰發酵的溫度，你可以將耐熱溫度計放入測試，大約25℃左右。選購單一溫度的烤箱也可以，但須隨時注意烤箱的動靜，避免上焦內不熟現象；若擔心表面過焦，可於烘烤過程的後半段打開烤箱門，鋪一層錫箔紙於西點表面，再繼續烤焙。

烤箱的配件通常各有1個烤盤、平烤架、待涼架和把手，建議你多買2個烤盤，方便一次烘培很多餅干。使用烤箱時務必注意電源的使用，由於烤箱耗電量大，所以應避免同一插座同時使用多種電器，且不能插在延長線上；每次使用完後必須將插頭拔起，以免插座過熱導致電線外層包覆的塑膠融化。烤箱使用完後，請開啟烤箱門，讓熱氣自然散出，待微溫再拿微濕抹布擦拭烤箱內側，若有油污時，可以沾些檸檬汁擦拭。

●烘烤西點時，可以打開烤箱門嗎？

烘烤西點時，盡量不要頻頻開啟烤箱門，因為每開一次門，烤箱內部的溫度就會降低；尤其烘烤泡芙皮時更不可以開啟，否則泡芙皮馬上塌陷。若要檢查蛋糕是否烤熟，最好是在烤培過程的後半段再開啟觀看；其實測試烤熟的方法，也可以從香味和顏色（呈漂亮的金黃色）來判斷。

●模具如何清洗及保存？

剛購買回來的模具應該先以海綿沾清潔劑清洗一遍，千萬不要用菜瓜布猛力的刷，以免模具表面磨損，清洗完後須晾乾再收藏；每次使用前必須再清洗一遍，以廚房紙巾或乾布擦乾。若模具生鏽或破損，很容易沾黏麵糊或掉漆，請忍心丟棄，以免影響健康；碰到難洗的奶油或油脂類，請先浸泡熱水約1個小時，就可以輕鬆沖洗乾淨了。

培根起司派

這是一道很家常的美式鹹派，材料互相疊起而成豐富的內餡，非常過癮。

材料：

(1) 無鹽奶油100g.、中筋麵粉300g.、鹽1/4茶匙、冰水110c.c.

(2) 馬鈴薯400g.、培根110g.、巧達起司（cheddar cheese）130g.、鹽適量、黑胡椒適量

(3) 蛋黃液：蛋黃20g.（約1個）、水1大匙拌勻

1

馬鈴薯去皮後切成薄片，泡清水除去黏質後瀝乾。

2

培根切小片，巧達起司切條備用。

44

3
無鹽奶油與麵粉、鹽混合拌勻。

4
加入冰水翻拌成麵糰,用保鮮膜將麵糰包好,放入冰箱冷藏1個小時。

5
取出麵糰分成兩等份,分別擀成比派盤直徑大約3公分的麵皮。

6
取1片麵皮鋪入派模中,壓平;切除多餘的麵皮,用叉子在麵皮上刺出數個小洞。

7
取一半的馬鈴薯餡鋪於麵皮上,撒上一半的起司。

8
放上一半的培根,均勻的撒上鹽和黑胡椒。

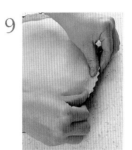
9
蓋上另一片麵皮,切除多餘的麵皮後,兩片麵皮邊緣用手指壓緊密合。

10
再用叉子在麵皮表面刺出數個小洞,刷上蛋黃液即可放入烤箱內烘焙。

不失敗祕訣:

* 製作派皮時,千萬不要反覆搓揉麵糰;應該將材料重疊按壓,以免麵糰出筋,喪失酥脆的口感。

* 派皮材料中再加入20g.的帕馬森起司粉(parmeasan),讓派皮增添美味誘人的起司味香。

* 喜歡吃馬鈴薯的話,可將份量增加至600g.。

上火/下火	210℃/200℃
單一溫度烤箱	200℃
烘烤時間	18～20分鐘
模型	6吋活動派盤1個
賞味期限	冷藏1天

奶油檸檬派

檸檬的酸味恰到好處，再搭配酥脆的派皮，真是絕佳的組合啊！

材料：

(1) 無鹽奶油180g.、糖粉70g.、全蛋50g.（約1個）

(2) 低筋麵粉200g.、檸檬皮末1/2個、乾豆子（或小石子）適量

(3) 鏡面果膠適量、打發的動物鮮奶油少許、檸檬片1片

(4) 奶油檸檬餡420g.

1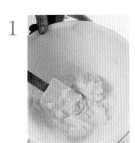

奶油與糖粉混合攪拌均勻。

2

加入全蛋繼續拌勻。

3

低筋麵粉過篩，與檸檬皮末加入奶油糊中拌勻成麵糰。

4

以保鮮膜將麵糰包緊，放入冰箱冷藏鬆弛至少1個小時後取出整形。

5

取出麵糰以擀麵棍擀成約0.5公分厚的麵皮，且直徑大於派盤約5公分。

6

將麵皮壓入模型中，切除多餘的麵皮，再以叉子刺出數個小洞。

7 ★這裡很容易失敗喔！

麵皮上鋪1張錫箔紙，倒入乾豆子，放入烤箱烘烤，取出乾豆子後脫模待涼。

8

奶油檸檬餡倒入派盤中。

9

用橡皮刮刀將餡料均勻抹平。

10

表面抹上鏡面果膠，再以打發的鮮奶油和檸檬片裝飾即可。

上火/下火	180℃/180℃
單一溫度烤箱	180℃
烘烤時間	15～20分鐘
模型	8吋活動or非活動派盤1個
賞味期限	冷藏3天

▶

奶油檸檬餡

材料：

(1) 全蛋100g.（約2個）、蛋黃50g.個（約2～3）、
細砂糖100g.、檸檬皮末1個、檸檬汁90c.c.、
無鹽奶油40g.

(2) 玉米粉1/2大匙、低筋麵粉1/2大匙

3.再加入檸檬皮末、檸檬汁
拌勻。

1.將全蛋、蛋黃和細砂糖攪拌
均勻。

4.奶油採隔水加熱：以中火
加熱至奶油融化且成濃稠
狀，熄火。

2.加入過篩的粉類繼續拌勻。

5.再倒入蛋黃糊中拌勻，準
備一鍋冰水，將裝餡料的鍋
子隔冰水降溫至手指觸摸微
溫即可。

不失敗祕訣：

＊烘烤空派皮時，表面必須鋪滿乾豆子（如：
紅豆、綠豆）或小石頭，烤好的派皮底部才
不會膨脹凸起。

＊檸檬皮可以用研磨板磨成細末狀，或利用刀
子切成小丁即可。

＊餡料隔水加熱時，應不停的攪拌，以防黏
鍋。

＊若擔心派皮移入派盤時破裂，可先將麵皮放
在保鮮膜上擀開，再利用保鮮膜提起派皮移
入派盤中。

關於西點，我有問題！

●為何雞蛋使用前，必須放室溫退冰？

雞蛋放入冰箱冷藏是為了保持新鮮度，冷藏過的雞蛋組織較為凝固，若直接打發，則效果會大打折扣；若將冰過的雞蛋放置室溫下退冰（10～15分鐘）回溫，讓雞蛋組織的流動性恢復了再打發，才能達到最理想的狀態。建議你在準備其他材料之前，就先將雞蛋自冰箱拿出來，待一切就緒後就可以開始打發雞蛋了。

●為什麼蛋白無法打發？

蛋白與蛋黃必須分得很乾淨，且攪拌盆及打蛋器不能含水份。打發蛋白時，應一手扶著攪拌盆，讓盆子傾斜約30℃，另一手拿打蛋器，讓蛋白液與打蛋器的接觸面積達到最大，不一會兒的功夫就可以將蛋白打得銀白閃亮；若盆子與打蛋器呈90度角，導致蛋白與打蛋器接觸面積過小，當然不容易打發囉。

●蛋白打發後，為什麼需要分兩次拌入蛋黃糊中？

打發的蛋白濃稠度比蛋黃稀，必須先取1/3的蛋白糊加入蛋黃糊中，降低蛋黃的稠度，再倒入剩餘的蛋白糊，才容易將兩種材料混合均勻。

●為什麼打蛋要隔水加熱？

製作全蛋式的海綿蛋糕時，若將蛋隔水加熱打發至蛋糊40～43℃時，雞蛋的膨脹及起泡效果會最好，需注意的是裝盛蛋的盆底不可以直接接觸下盆的熱水，務必保持適當的距離，以免溫度過高而造成蛋凝固熟化。冬天時採隔水加熱可以幫助蛋快速打發，在炎熱的夏天裡，雞蛋的膨脹及起泡效果都相當穩定，所以可不必隔水加熱打發。

波士頓派

膨鬆的海綿蛋糕裡頭包裹著厚厚的鮮奶油，
冰過後更好吃喔！

材料：

(1) 全蛋80g.（約1～2個）、蛋黃20g.（約1個）、
　　　細砂糖50g.

(2) 低筋麵粉50g.、香草精1/4茶匙

(3) 植物鮮奶油200c.c.（打發）、糖粉適量

1

裁剪1張烘焙紙鋪在模型中間。

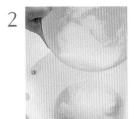

2

將全蛋、蛋黃、細砂糖放入盆內。

3

先以快速攪打至材料混勻。

★這裡很容易失敗喔！

4

再轉中速打至蛋糕可以劃線不消失的程度。

5

低筋麵粉過篩後加入蛋糕中，輕輕翻拌均勻，再加入香草精攪拌均勻。

6

將麵糊倒入派盤中，表面抹平後放入烤箱烘烤。

7

取出後立刻翻轉倒置，至蛋糕完全冷卻，再以脫模刀從旁邊慢慢劃開脫模。

8

冷卻後的蛋糕橫切成兩片。

9

抹上打發的鮮奶油，塗抹時要把中間抹得高高的，周圍抹薄一點；再篩上少許的糖粉即可。

不失敗祕訣：

* 波士頓派的內餡可以隨意變化，如：加入15g. 花生粉與打發的鮮奶油拌勻成花生夾醬；或抹各種口味的果醬。
* 攪拌蛋黃糊的速度，必須先轉快速讓材料在最短時間內混合，再轉中速讓空氣慢慢均勻的打進材料內，才不至於將蛋糊打過頭。

上火/下火	180℃/150℃
單一溫度烤箱	170℃
烘烤時間	15～18分鐘
模型	6吋非活動派盤1個
賞味期限	冷藏2天

起酥蛋糕

外皮香酥、蛋糕柔軟，
再搭配一壺花茶，多愜意的心情啊！

材料：

（1） 起酥皮：鹽4.5g.、冰水70c.c.、高筋麵粉80g.、
低筋麵粉80g.、無鹽奶油45g.、包裹用無鹽奶油95g.

（2） 長方形海綿蛋糕1個（長29×寬25×高4.5公分，
做法見P.80）、草莓醬適量

（3） 蛋黃液：蛋黃20g.（約1個）、水1大匙拌勻

1

鹽與冰水拌勻備用；高筋與低筋麵粉過篩於工做台上。

2

挖一個粉牆，無鹽奶油切小塊後放粉牆中間，撥一些粉與奶油混合。

3

倒入鹽水。

4

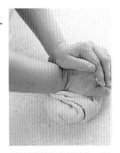

將材料混合搓揉，手拿刮板將材料翻向中間，另一手按壓麵糰至均勻，最後以雙手摺疊按壓2～3次。

5

揉成表面光滑的麵糰。

6

以擀麵棍將麵糰擀成圓扁型，厚約2公分。

7

用塑膠袋或保鮮膜包住麵糰，放入冰箱冷藏鬆弛至少30分鐘。

8

取出麵糰擀成四周薄中間厚的形狀，中間厚度約1.5～2公分。

9

將包裹用奶油（厚約1公分）放在麵皮中間。

10

★這裡很容易失敗喔！

把四周的麵皮向中間包入，且每片包入的麵皮寬度都要剛好與包裹用奶油的寬度相同，才可以讓每片麵皮的摺口都剛好在四個邊邊。

11

包好的麵皮再用保鮮膜包緊，放入冰箱冷藏鬆弛至少30分鐘。

12

取出麵皮用擀麵棍按壓麵皮，讓麵糰與奶油密合。

▶

13

將麵皮擀成厚約0.5公分的薄長方形，擀的方式從中間向前推，再由中間向自己的方向推，如此反覆擀成薄片。

14

將麵皮對摺，放入塑膠袋內冷藏鬆弛20～30分鐘。

15

取出麵糰，擀成厚度約0.5公分的起酥皮，再對摺成3摺，用保鮮膜包緊，放入冰箱冷藏鬆弛20分鐘，再重複此動作3次。最後放入冰箱冷藏至少2個小時後才可使用。

16

取出起酥皮擀成長45×寬30公分的長方形片，擀製時酥皮表面若有氣泡請刺破，奶油才不會溢出。

17

海綿蛋糕切一半（每份為長14.5×寬25×高4.5公分），取1片放於酥皮中間，其中一片抹上草莓醬；再蓋上另一片，將起酥皮的寬度兩端各留約1公分。

18

起酥皮一端刷上蛋黃液，另一端向上拉起包裹住蛋糕。

19

將起酥皮接口朝下，表面及兩側均刷上蛋黃液。

20

用滾刀輪切出數個平行的刀紋，以防烘烤時脹起，放入烤箱烘烤後取出，待完全涼透再切片，可防止酥皮掉落。

不失敗祕訣：

＊製作酥皮的過程中，若發覺奶油太軟，應立刻放入冰箱冷藏，以免奶油漏出而影響品質。

＊包裹用奶油與麵皮按壓密合後，若奶油太硬不易擀開，應將麵糰放置室溫下約15分鐘待軟化；若麵糰太軟，要把麵糰再放入冰箱冷藏鬆弛30分鐘。市面上有販售已切好的奶油薄片，厚度剛好可直接包入。

＊奶油包入後的擀製時間不宜太久，每次大約10分鐘；同時也不要過度期望可以立刻將麵皮擀得很薄，須耐心製作。包裹用奶油可以選擇無鹽奶油或發酵奶油，擀製時務必隨時掌握奶油的軟硬度，才能製作出層次分明的酥皮。

＊第一次學習製作起酥皮時，最好選擇在春天或初冬時進行，因為此時天氣涼爽，室溫約17～22℃，奶油不至於太硬或太軟而難以控制，也可以在恆溫的冷氣房中製作。

＊工作的台面一定要夠大，才方便將麵皮舒展開來，且擀得均勻。

＊海綿蛋糕可以輕乳酪蛋糕或戚風蛋糕替代。

份量	1條
上火/下火	180℃/190℃
單一溫度烤箱	180℃
烘烤時間	20～25分鐘
賞味期限	冷藏5天

慕斯、起司、蛋糕篇

慕斯蛋糕的流行是蛋糕精緻化的象徵，
代表人們喜歡多層次的內涵和漂亮的外
表；起司的可愛在於它的真實、簡單，
是喜歡原味點心的朋友最佳選擇；美味
的蛋糕與美麗的人生同樣令我著迷，不
妨藉由製作蛋糕來完成綺麗的世界。

草莓慕斯

新鮮草莓的酸甜，就像是沾了煉乳的草莓，很甜蜜幸福的滋味。

材料：

（1） 香草海綿蛋糕8吋4片（每片約1公分厚，做法見P.80）、
柑橘酒少許

（2） 草莓600g.、動物鮮奶油250c.c.、
細砂糖60g.、吉利丁片4片（約10g.）

（3） 裝飾用草莓6粒、鏡面果膠適量、白巧克力碎片適量

1

裁剪與模型尺寸相同的厚紙模12張。

2

鋪於模型底部。

3

用慕斯模壓出24片相同尺寸的蛋糕片後，將蛋糕邊緣向內修一些，讓蛋糕的形狀相同、尺寸比模型小一點。

4

每片蛋糕表面均勻刷上柑橘酒。

5

取1片蛋糕鋪於模型底部。

6

為避免倒入的慕斯流出，可用錫箔紙包住底部。

7

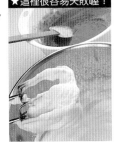

★這裡很容易失敗喔！

鮮奶油、細砂糖放入盆內，下面墊一盆冰水打發，至鮮奶油可以附著在打蛋器上不會滑落的程度。

8

草莓放入果汁機內攪打成泥狀；吉利丁片泡冷開水軟化，擰乾後隔水加熱融化；準備一盆熱水墊在裝盛軟化的吉利丁片盆下，盆底可以直接接觸熱水，讓吉利丁融化成液體。

9

將融化的吉利丁放入草莓果泥中拌勻，倒入打發的鮮奶油繼續拌勻成草莓慕斯餡。

10

再倒入一半的草莓果泥。

11

鋪上第二片蛋糕，稍微壓一下。

▶

12

再倒入草莓慕斯餡與慕斯模同高。

13

以脫模刀整平後，放入冰箱冷凍約6個小時至凝結。

14

取出凍結的慕斯，以熱毛巾圍住模型周圍。

15

★這裡很容易失敗喔！

利用空心模的中心凸起部分，將慕斯慢慢的頂出；表面塗上鏡面果膠，再以裝飾用草莓、白巧克力碎片點綴即可。

不失敗祕訣：

＊打發好的鮮奶油若不馬上使用，可先蓋上保鮮膜再放入冰箱冷藏備用。

＊建議使用盛產時的新鮮草莓，味道較強烈濃郁且便宜，若買不到時，可以用同份量的草莓果泥代替。

＊刷在蛋糕表面的柑橘酒，可以草莓利口酒或藍姆酒替代，讓蛋糕有不一樣的風味。

＊市售果膠有亮面、鏡面兩種，亮面果膠須加等量的水煮滾後使用，適合塗抹於烘烤類的西點上；鏡面果膠不須加熱即可塗抹於慕斯或水果表面。

模型	小六角型慕斯模12個
賞味期限	冷藏2天

關於西點，我有問題！

●提拉米蘇是蛋糕還是慕斯？

曾經有人這麼問我，提拉米蘇是蛋糕還是慕斯（mousse）？我覺得這個問題很有意思，正確答案是「慕斯」，其實它就是義大利起司慕斯的一種，而慕斯泛指鬆軟有彈性的東西，就像女孩子塗抹在頭髮上的膠也稱作慕斯；而甜點的慕斯其實就是冷藏的冰淇淋，如果你仔細研究過冰淇淋與慕斯的配方，就會發現大同小異，慕斯加了可以凝結的吉利丁，且底部和中間都會放一層海綿蛋糕，所以冷藏保存也不會融化。

●吃素的人可以吃慕斯嗎？

慕斯的配方中會添加吉利丁（gelatin），它是一種動物膠，而非植物提煉的膠質，由於它的口感、彈性最好，所以常被拿來製作慕斯。市面上麵包蛋糕店、餐廳、飯店內所販售的慕斯應該都是葷的，除非是標榜素食蛋糕店者例外。建議素食主義者可選擇吉利T、洋菜、珍珠果凍粉或是蒟蒻果凍粉替代，使用方式請參照包裝上的說明，其使用份量與吉利丁相同。

●如何判斷糕點烤好了沒？

利用1支竹籤插入蛋糕、布丁的中心，竹籤取出後若有濕濕的麵糊沾起，就代表還沒烤熟，如果竹籤的表面乾乾淨淨，就表示已經烤熟了。測試餅干與麵包烤熟的方法可透過顏色來觀察，表面呈現漂亮的金黃色、底部為適當的黃褐色即可。

另外，從烤箱傳出的香味也是判斷烤熟的依據，有時候我會忽略了查看時間，這時若是從廚房傳來甜甜的香味，就知道點心已經烤得差不多了。烘烤泡芙時，中途不能開啟烤箱門，只能透過烤箱玻璃門觀察膨脹的程度及色澤，若表面看起來乾乾脆脆的，且膨脹得很高很漂亮，就表示烤好了。

●烤好的蛋糕為什麼會塌陷？

若蛋未完全打發，或蛋糊與麵粉攪拌過頭，都會造成烤好的蛋糕塌陷。理想的攪拌麵糊方式是，將攪拌器從最下面提起，輕敲盆子邊緣，同時轉動攪拌器，讓麵粉順著麵糊滑落，依此動作重複攪拌至勻，千萬不要怕不均勻而拼命繞圈圈攪拌，這樣烤出來的蛋糕肯定會醜醜的。

戚風蛋糕在烘烤完成後需要翻轉倒置，倒置至蛋糕完全降溫後才能擺正；或是在蛋糕出爐的那一剎那用力將模型敲兩下，可以讓蛋糕組織膨脹，就不容易塌陷。

巧克力慕斯

香濃柔軟的巧克力慕斯，冰凍後更好吃，就像冰淇淋一樣爽口。

材料：

（1）20×24cm長方形巧克力戚風蛋糕2片（每片約1公分厚，做法見P.78）、蛋黃40g.（約2個）、細砂糖15g.、動物鮮奶油100c.c.、吉利丁片4片（10g.）、苦甜巧克力150g.、咖啡酒30c.c.

（2）動物鮮奶油150c.c.、細砂糖20g.、夏威夷果仁60g.

1

以慕斯模將巧克力戚風蛋糕壓出18個方形備用。蛋黃與細砂糖混合打發,至顏色呈乳白色。

2

將100c.c.鮮奶油倒入鍋中,以小火加熱至滾,撈除鮮奶油表面的薄膜,再倒入蛋黃糊中攪拌均勻。

3

吉利丁片隔水加熱,放入蛋黃糊中攪拌至融化。

4

★這裡很容易失敗喔!

巧克力切小塊,放入大盆內。煮一鍋滾水,倒入小盆中,將裝巧克力的大盆置於小盆上,底部不得直接與滾水接觸,利用蒸氣將巧克力融化。倒入蛋黃糊中拌勻。

5

咖啡酒倒入巧克力蛋黃糊內,拌勻成麵糊備用。

6

將150c.c.鮮奶油、細砂糖放入盆內,下面墊一盆冰水打發,至鮮奶油6分發,再倒入巧克力蛋糊中拌勻。

7

模型底部均鋪1張大小相同的方形厚紙模,再將巧克力慕斯餡倒入模型內至滿,以脫模刀抹平表面。

8

夏威夷果仁切碎,撒在慕斯表面,放入冰箱冷凍至少6個小時至凝結。

9

★這裡很容易失敗喔!

取出凝結的慕斯,準備熱毛巾圍住模型周圍,再利用空心模的凸起部分,將慕斯慢慢的頂出即成。

不失敗祕訣:

＊慕斯模底部及邊緣可以錫箔紙包住,避免慕斯餡流出。

＊咖啡酒可以選擇卡魯哇(Kahlua)或是貝里斯(Bailey's)廠牌;若是做給小朋友吃,則可以省去酒的配方。

＊夏威夷果仁非常清脆可口,可至大型超市或烘焙材料行購買。

模型	4.5公分方形慕斯模18個
賞味期限	冷藏2天

芒果慕斯

綿密、甜而不膩的口感,是非常細緻典雅的甜點。

材料:

(1) 芒果400g.(約1½個)、細砂糖40g.、蜂蜜20g.、
　　吉利丁片4片(10g.)、植物鮮奶油200c.c.

(2) 香草海綿蛋糕8吋4片(每片約1公分厚,做法見P.80)、
　　裝飾用芒果265g.(約1個)、鏡面果膠適量、紅櫻桃2粒、
　　裝飾用打發的植物鮮奶油少許

1

裁剪1張與模型尺寸相同的厚紙模，鋪在模型底部。

2

以慕斯模壓出相同尺寸的蛋糕片，再用滾刀輪切出4片形狀相同但是尺寸較小的蛋糕，取1片鋪於模型底部。

3

將芒果攪打成泥狀，與細砂糖、蜂蜜隔水加熱攪拌至糖融化；準備一鍋滾水墊在裝盛材料的盆子下，上面的盆底可以直接接觸熱水，待材料成微溫狀態。

4

吉利丁片泡冷開水軟化，擰乾後放入芒果泥中攪拌至融化，熱水盆即可移開。

5 ★這裡很容易失敗喔！

鮮奶油放入盆內，下面墊一盆冰水打發，至鮮奶油可以附著在打蛋器上不會滑落的程度。

6

將鮮奶油加入芒果泥中拌勻成芒果慕斯餡，再倒入模型約一半的高度。

7

放入另一片海綿蛋糕輕壓一下，倒入慕斯餡至滿並抹平。

8

放入冰箱冷凍至少6個小時至凝結，取出後以熱毛巾圍住模型周圍。

9 ★這裡很容易失敗喔！

再利用杯子的底部，將慕斯慢慢的頂出。

10

裝飾用芒果切片後與紅櫻桃排列於慕斯表面，再塗上鏡面果膠，周圍以裝飾用鮮奶油裝飾即可。

不失敗祕訣：

＊最好使用甜度高，肉質軟的紅皮愛文芒果，若芒果的味道不夠甜，可以至烘培材料行購買進口的芒果果泥，使用的份量相同。

＊若芒果甜度不夠，則細砂糖的份量可以增加至60公克，蜂蜜的份量不變。

＊若喜歡酸口味，可以再加入100g.市售百香果泥，烘焙材料行均有售。

模型	6吋橢圓形慕斯模2個
賞味期限	冷藏2天

奶油泡芙

飽滿膨鬆脆脆的外皮，裡頭包裹著滑順的奶油布丁餡，真是討人喜歡啊！

材料：

(1) 水125c.c.、無鹽奶油75g.、高筋麵粉100g.、全蛋180g.（約3～4個）

(2) 奶油布丁餡660g.

1 水和奶油放入鍋中，以小火加熱至奶油融化且煮滾。

2 加入過篩的高筋麵粉，以木匙攪拌至麵糊不黏鍋即可熄火，繼續攪拌至麵糊降至約65℃。

★這裡很容易失敗喔！

3 全蛋分3次加入麵糊內攪拌至光滑柔軟，且拿起攪拌器時麵糊會慢慢滑下即可。

4 用湯匙將麵糊平均舀於烤盤上，以橡皮刮刀整平麵糊的邊緣。

奶油布丁餡

材料：

低筋麵粉20g.、玉米粉20g.、細砂糖100g.、蛋黃80g.（約4個）、鮮奶400c.c.、無鹽奶油20g.

1. 低筋麵粉、玉米粉過篩後，與細砂糖、蛋黃混合攪拌成糊狀備用。

2. 將鮮奶以小火煮滾後熄火，再慢慢倒入麵糊中拌勻，倒入時要不停的攪拌。

★這裡很容易失敗喔！

3. 再將餡料倒回鍋中，以小火邊煮邊攪拌至濃稠，以免黏鍋；剛變濃稠時即可熄火，再繼續攪拌至更濃稠。加入奶油攪拌至奶油融化。

5 在麵糊表面噴上少許水，放入烤箱烘烤至膨脹，取出待冷卻後將泡芙從中間橫切一刀不要切斷。

6 奶油布丁餡裝入擠花袋後，再擠入泡芙中即可。

不失敗祕訣：

＊製作泡芙皮時，不可以將所有的蛋一次倒入，容易導致粉和蛋不易融合的狀況。

＊奶油布丁餡中的粉類務必煮至完全滾，以免吃起來有未融化的粉味。

份量	8個
上火/下火	200℃/200℃
單一溫度烤箱	200℃
烘烤時間	20～25分鐘
賞味期限	冷藏2天

焦糖布丁

香甜滑溜、入口即化，
香草的芳香讓平凡的布丁變得更珍貴。

材料：

鮮奶500c.c.、細砂糖190g.、全蛋250g.（約5個）、香草條1支、水25c.c.

1

將鮮奶、90g.細砂糖倒入鍋中，以小火邊煮邊攪拌至糖融化，熄火，待涼至50℃。

2

全蛋打散，分3次倒入鮮奶中攪拌均勻。

3

將香草條縱向切開。

4

用刀尖刮出香草籽，再加入鮮奶蛋液中攪拌均勻。

5

將蛋液透過細的篩網過濾2～3次，濾除泡沫後為布丁液。

6

★這裡很容易失敗喔！

剩餘的細砂糖與水倒入鍋中，以小火煮至呈深褐色且融化的焦糖，熄火。

7

將焦糖平均倒入模型底部，薄薄的一層即可。

8

倒入布丁液約九分滿，放在深度約5～6公分的烤盤內，烤盤內倒入熱水至烤盤的一半高度，放入烤箱烘烤。

9

準備1支牙籤，延著布丁的邊緣劃過。

10

★這裡很容易失敗喔！

用手輕輕壓布丁，讓空氣進入，即可順利的倒扣出布丁。

上火/下火	180℃/180℃
單一溫度烤箱	150℃
烘烤時間	40分鐘
模型	布丁模10～12個
賞味期限	冷藏2天

不失敗祕訣：

* 剛煮焦糖時切忌攪拌及搖晃，必須等到焦糖顏色呈淺褐色時，才可輕輕晃動鍋子，否則糖會不易融化。焦糖要趁熱時倒入布丁模中，以免冷卻後變硬結成塊狀。

* 烤布丁的溫度不可過高、時間不可過久，否則布丁的水份會蒸發流失，導致布丁的質感失去彈性。可將厚的餐巾紙噴溼，蓋在布丁上面一起入烤箱烘烤，可以防止布丁烤得太乾。

* 香草條是天然的調味香料，味道比香草精及香草粉濃郁；若手邊沒有香草條，也可以1/4茶匙香草精或1/2茶匙香草粉代替。

義大利奶酪

義大利人常吃的奶酪，
QQ滑嫩，好比喝到優質牧場的新鮮牛奶。

材料：

鮮奶500c.c.、細砂糖100g.、吉利丁片6片（15g.）、
動物鮮奶油500c.c.、白蘭地酒1茶匙

1 鮮奶、細砂糖倒入鍋內，以小火煮至糖融化。

2 吉利丁片泡冷開水軟化，瀝乾後加入微溫的鮮奶液中攪拌至融化。

3 加入鮮奶油繼續攪拌均勻成奶酪。

4 換1個方便將奶酪倒出的容器，再倒入白蘭地酒拌勻。

5 將奶酪倒入杯中約九分滿，放入冰箱冷藏約6個小時至凝結即可。

不失敗祕訣：

＊可在煮鮮奶和糖時，加入30g.的杏仁粉，即成了杏仁奶酪。

＊不嗜酒味或做給小朋友吃時，可以不放白蘭地酒。

＊冷藏的奶酪一定要加蓋或鋪一層保鮮膜，以免表面乾化。

模型	透明玻璃杯7個
賞味期限	冷藏3天

原味起司蛋糕

香濃十足的原味起司，是很多人的最愛，冰過更好吃喔。

材料：

（1）葡萄乾1大匙、椰子粉適量、消化餅干120g.、無鹽奶油70g.
（2）奶油起司500g.、細砂糖115g.、全蛋250g.（約5個）、檸檬汁30c.c.

1

葡萄乾泡熱開水軟化後取出，再放於餐巾紙上吸乾水份。

2

模型周圍抹上一層薄奶油。

3

並撒上椰子粉，整個模型轉動一圈使椰子粉均勻附著於側邊，再將多餘的椰子粉倒出即可。

4

底部鋪1張烘焙紙。

5

消化餅干放入耐熱塑膠袋內，用擀麵棍壓碎或擀碎。

6

將無鹽奶油放入鍋中，採隔水加熱法：以小火加熱至融化，熄火，取40g.奶油液倒入塑膠袋內與消化餅干拌勻。

7

將餅干鋪在模型底部，以平底模子將餅干壓平且密實。

8

再撒上葡萄乾，放入冰箱冷藏約1個小時。

9

奶油起司與細砂糖攪拌均勻，全蛋分3～4次加入奶油糊中繼續拌勻。

10

倒入檸檬汁拌勻，加入剩餘30g融化的無鹽奶油液繼續拌勻。

11

將麵糊倒入模型內。

12

★這裡很容易失敗喔！

烤盤加熱水至2公分深，放入起司模隔水蒸烤，烤好後取出，放入冰箱冷藏半天至一天，再以熱毛巾包圍模型周圍讓內緣奶油融化，即可使用脫膜刀延模型邊緣劃過順利脫模。

不失敗祕訣：

＊因為採隔水蒸烤，所以務必選擇非活動圓模，否則熱水會滲透進去。

＊蒸烤方法除了防止底部的餅干烤焦外，還可以透過烤箱內循環的蒸氣讓蛋糕的質地更滑嫩。

＊撒椰子粉可防止蛋糕沾黏、增添香味，也可以高筋麵粉替代。

＊檸檬汁可以改用同份量的柳橙汁。

上火/下火	130℃/100℃
單一溫度烤箱	130℃
烘烤時間	90分鐘
模型	8吋非活動圓模1個or 6吋非活動圓模2個
賞味期限	冷藏3天

大理石起司蛋糕

巧克力與起司的交錯相會，增添一絲成熟的韻味。

材料：

(1) 奶油起司450g.、細砂糖150g.、酸奶油90g.、
　　　全蛋250g.（約5個）、低筋麵粉40g.

(2) 苦甜巧克力30g.

1

模型底部和周圍抹上一層奶油。

2

底部、周圍鋪上剪裁合適的烘焙紙，可防沾黏。

3

麵粉過篩後與奶油起司、細砂糖、酸奶油攪拌均勻；全蛋分3～4次加入奶油糊中拌勻。

4

拌勻的麵糊倒入模型內並抹平。

★這裡很容易失敗喔！

5

巧克力切小塊，放入大盆內。煮一鍋滾水，倒入小盆中，將裝巧克力的大盆置於小盆上，底部不得直接與滾水接觸，利用蒸氣將巧克力融化。

6

將巧克力醬淋在蛋糕表面，用竹籤在麵糊表面劃出喜愛的花紋後放入烤箱中採隔水（約1公分）蒸烤約20分鐘，表面再蓋上鐵板或錫箔紙續烤60分鐘。

7

工作台上放1個砧板，鋪1張錫箔紙，將冷卻的蛋糕翻轉過來扣出。

★這裡很容易失敗喔！

9

再托住砧板將蛋糕翻轉成正面於盤中，撕掉周圍的紙即可。

關於起司蛋糕：

美式起司蛋糕以奶油起司（cream cheese）為主，且底部鋪一層碎餅干增添酥脆的嚼感；歐洲由於地緣關係，起司種類繁多，可變化的種類相對也就更豐富；而輕乳酪蛋糕起源於日本，日本人受歐美文化影響後開始接受起司，於是喜歡清淡口味的日本人就以製作戚風蛋糕的模式，演變出輕乳酪蛋糕。

不失敗祕訣：

* 巧克力可以20g.綠茶粉與1/2杯的起司糊拌勻替代，製作不同風味的起司蛋糕。
* 底部亦可鋪上消化餅干碎或海綿蛋糕，烘烤時務必隔水蒸烤，以免底部烤焦。
* 喜歡酸口味，可再加入約25c.c.的檸檬汁。
* 巧克力醬也可以30c.c.動物鮮奶油加熱後，與30g.巧克力混合拌勻替代。

上火/下火	100℃/150℃
單一溫度烤箱	150℃
烘烤時間	80分鐘
模型	8吋非活動心型模1個or 8吋非活動圓模1個
賞味期限	冷藏3天

提拉米蘇

滑順細緻，有牛奶糖的香醇味道，
冷凍後就像冰淇淋一樣好吃。

材料：

(1) 植物鮮奶油250c.c.、蛋黃80g.（約4個）、細
　　砂糖50g.、蜂蜜50g.、吉利丁片4片（約
　　10g.）、馬斯卡邦起司（mascarpone）500g.

(2) 即溶咖啡粉30g.、熱開水250c.c.、蘭姆酒
　　45c.c.、市售手指餅乾1包、可可粉適量

1

鮮奶油放入盆中,下面墊一盆冰水打發,至鮮奶油可以附著在打蛋器上不會滑落的程度,放入冰箱冷藏備用。

2 ★這裡很容易失敗喔!

蛋黃與細砂糖放入大盆中,採隔水加熱打發至呈乳白色;煮一鍋滾水,倒入小盆中,將大盆置於小盆上,且大盆底部不得直接與滾水接觸,以免蛋液熟化。

3

離開火源,加入蜂蜜拌勻;吉利丁片放入冷開水中軟化,瀝乾加入蛋黃糊中攪拌至融化。

4

加入馬斯卡邦起司拌勻,再倒入鮮奶油繼續拌勻成起司麵糊。

5

將咖啡粉倒入熱開水中攪勻,再倒入蘭姆酒拌勻。

6

每片手指餅干排列於模型底部,表面均勻的刷上咖啡酒。

7

將起司麵糊倒入模型的一半高度。

8

再將手指餅干均勻的刷上咖啡酒,排列於模型中層;將剩餘的起司麵糊倒入模型內至滿。

9

用抹刀將表面抹平,篩上可可粉,放入冰箱冷凍約6小時至凝結即可。

不失敗祕訣:

* 手指餅干可以厚度約1公分的香草海綿蛋糕(做法見P.80)替代,並在蛋糕表面刷上咖啡酒。
* 國外的提拉米蘇是使用義大利的甜酒(Madela 瑪蒂拉)來浸泡餅干,但國內不易買到,所以建議改用咖啡酒(如:卡魯哇)。
* 瑪斯卡邦起司原產於義大利,是質地非常柔軟的新鮮起司,具微甜及濃郁的奶油味,經常用來製作甜點,也可以直接搭配新鮮水果食用。
* 喜歡酒味重者,可將手指餅干整個浸泡於咖啡酒中,吸足酒至變軟。

模型	大型橢圓玻璃容器1個
	8吋圓形慕斯模1個
賞味期限	冷凍4天、冷藏2天

輕乳酪蛋糕

鬆軟香甜、細膩如豆腐，適合淡口味的人品嘗。

材料：

(1) 起司片250g.、鮮奶50c.c.、沙拉油15c.c.、蛋黃60g.（約3個）、
檸檬汁20c.c.

(2) 低筋麵粉40g.、玉米粉10g.、泡打粉1/2茶匙

(3) 蛋白90g.（約3個）、鹽1/4茶匙、細砂糖60g.、亮面果膠適量

1 將模型周圍塗上一層奶油，撒上少許高筋麵粉。模型底部鋪1張烘焙紙。

2 將起司片、鮮奶放入盆內，採隔水加熱，以小火加熱至融化，熄火。

3 蛋黃分3～4次加入起司糊中拌勻。

4 加入過篩的粉類拌勻，倒入檸檬汁繼續拌勻成起司蛋黃糊。

5 蛋白混合鹽打至粗粒泡沫狀，將細砂糖分3次加入蛋白液中打至濕性發泡，至顏色呈銀白色，舉起打蛋器時蛋白會在尾端形成倒勾狀。

6 取1/3的蛋白糊與起司蛋黃糊先拌勻。

7 再將全部的起司蛋黃糊倒入蛋白糊中攪拌均勻。

★這裡很容易失敗喔！

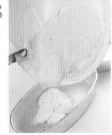

8 將麵糊倒入模型內，放入烤箱烘烤後取出，置於架上翻轉倒置待涼。再用脫模刀延著蛋糕邊緣劃過，即可輕易的扣出，蛋糕表面再刷上亮面果膠可以增加光澤。

不失敗祕訣：

＊蛋白與起司蛋黃糊攪拌時，要用刀切方式由上往下翻拌，動作不可過大，以免將蛋白的空氣攪散，蛋糕烤焙時無法膨脹。

＊起司片也可以奶油起司（cream cheese）或瑪斯卡邦起司（mascarpone）替代，只要是未經發酵熟成的新鮮起司（fresh cheese）皆適宜。

＊起司片可至一般超市購買，一包約10～12片，就是平常夾入吐司的起司片。

上火/下火	160℃/140℃
單一溫度烤箱	160℃
烘烤時間	35分鐘
模型	直徑22.5公分非活動橢圓模型2個
賞味期限	冷藏2天

巧克力戚風蛋糕

鬆軟細緻的糕體，令人想永遠沈醉於舒服滋味中。

材料：

(1) 可可粉20g.、熱開水80c.c.

(2) 蛋黃50g.（約2～3個）、細砂糖140g.、奶水30c.c.、沙拉油50c.c.

(3) 低筋麵粉100g.、小蘇打粉1/2 茶匙、泡打粉1/2茶匙

(4) 蛋白100g.（約3～4個）、鹽1/8茶匙

1	2	3	4 ★這裡很容易失敗喔！

 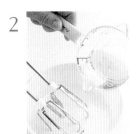 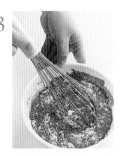 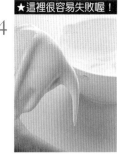

可可粉過篩，倒入熱開水中，攪拌至溶解備用。	蛋黃與80g.細砂糖混合打發，至呈乳白色，再倒入奶水和沙拉油拌勻。	倒入可可液拌勻，再倒入過篩的粉類拌勻成巧克力麵糊。	蛋白、鹽與剩餘的細砂糖攪拌至濕性發泡：至顏色呈銀白色，舉起打蛋器時蛋白會在尾端形成倒勾狀。

5	6	7	8 ★這裡很容易失敗喔！

蛋白分兩次倒入巧克力麵糊中拌勻，再將麵糊倒入模型內，放入烤箱烘烤。	取出烤好的蛋糕立刻倒扣待涼。	以脫模刀將模型內側邊緣劃一圈，再用竹籤在中間劃過後脫膜。	以脫膜刀沿底盤橫切糕體，再小心翻面倒置於盤上。

不失敗祕訣：

* 製作戚風蛋糕的模具，可選擇活動圓形模、空心模或方形模，但不可使用須抹油的非活動模具。若在模型內抹上一層奶油，烤焙時奶油會阻礙蛋糕往上爬升，蛋糕就沒有膨鬆感了。
* 蛋黃與細砂糖攪拌時，若要加速細砂糖的溶解速度，可以採隔水加熱法（方法與融化巧克力同），且熱水不可直接接觸裝盛蛋黃和糖的盆子底部，以免造成蛋黃熟化。
* 沙拉油即是大豆沙拉油，也可以選擇葵花油、葡萄籽油、芥花油或味道清淡的食用油。

關於戚風蛋糕：

戚風蛋糕（chiffon cake）又稱分蛋式蛋糕，chiffon原意是指非常柔軟蓬鬆，好比歐洲宮廷名媛淑女的蓬蓬裙，表示這種蛋糕的質地相當鬆軟。很多花式蛋糕都以戚風蛋糕為主體，所以是初學者必學的基礎蛋糕。

上火/下火	180℃/160℃
單一溫度烤箱	170℃
烘烤時間	25～30分鐘
模型	6吋活動空心圓模2個or
	8吋活動空心圓模1個
賞味期限	冷藏3天、冷凍7天

香草海綿蛋糕

小時候很喜歡吃這種組織細膩如海綿的蛋糕，特別是底部所鋪的縐摺紙模很像洋裝的蕾絲邊。

材料：

(1) 全蛋200g.（約4個）、細砂糖115g.、SP起

(2) 蜂蜜20g.、香草精1/4茶匙、鹽1/8茶匙、奶

(3) 低筋麵粉135g.、玉米粉30g.

(4) 無鹽奶油90g.、葡萄乾1大匙

1
葡萄乾泡熱開水軟
化，取出後放於紙巾
上擦乾。

2
全蛋、細砂糖放入盆
內，打發至提起打蛋
器時，蛋液可以畫線
不消失的程度。

3
加入SP起泡劑繼續拌
勻呈濃稠狀。

4
再倒入蜂蜜、香草
精、鹽及奶水攪拌至
均勻。

5
拌入篩過的粉類拌勻
成麵糊備用。

★這裡很容易失敗喔！

6
奶油放入鍋中，採隔
水加熱法：以小火加熱
至融化且溫度至70
℃，熄火，將融化的
奶油倒入麵糊中拌勻
備用。

7
圓模內鋪紙模或烘焙
紙，撒上葡萄乾。
（烘焙材料行有各種花
色的紙模可供選擇）

8
將麵糊倒入模型內約
七分滿，放入烤箱烘
烤，取出不須翻轉倒
置，直接置於鐵架上
待涼。

不失敗祕訣：

＊SP起泡劑可以促進全蛋打發的效果，因為雞蛋
中的蛋黃會抑制蛋白起泡，所以在製作全蛋式
的海棉蛋糕時偶爾會有雞蛋不易打發的現象，
為了改善這種情況，就必須添加起泡劑。添加
起泡劑打發的全蛋麵糊若沒有馬上放入烤箱烘
烤，也不會立刻消泡，非常方便。

＊製作戚風或海綿等輕質蛋糕時，最好使用可脫
底的活動模，若選擇非活動模，則必須在模型
底部鋪1張烘焙紙。

關於海綿蛋糕：

海綿蛋糕（sponge cake）又稱全蛋式蛋糕，起源於十
五世紀的西班牙人，因致力於拓展疆土，同時也將蛋
糕的做法傳到世界各地。鬆軟的口感與海綿類似，是
製作花式蛋糕的基本蛋糕，巧克力口味的海棉蛋糕請
參考黑森林蛋糕（見P.86）。

上火/下火	150℃/130℃
單一溫度烤箱	150℃
烘烤時間	20～25分鐘
模型	小橢圓蛋糕模9個or
	6吋活動圓模2個or8吋活動圓模1個
賞味期限	冷藏3天、冷凍7天

檸檬蛋糕

香甜鬆軟，增添豐富的檸檬味道。

材料：

(1) 全蛋200g.（約4個）、細砂糖90g.

(2) 低筋麵粉120g.、泡打粉1/4茶匙、
奶水25c.c.、沙拉油45c.c.、
香草精1/4茶匙、檸檬汁2大匙

(3) 檸檬巧克力400g

1 模型內部塗上一層奶油，再撒上少許高筋麵粉備用。

2 全蛋、細砂糖放入盆內打發，即提起打蛋器時，蛋液可以畫線不消失的程度。

3 拌入過篩的低筋麵粉及泡打粉。

4 再倒入奶水、沙拉油、香草精和檸檬汁拌勻成麵糊。

5 將麵糊倒入模型內約八分滿，放入烤箱烘烤後，取出倒扣待涼。

6 ★這裡很容易失敗喔！

檸檬巧克力切小塊，放入大盆內。煮一鍋滾水，倒入小盆中，將裝巧克力的大盆置於小盆上，底部不得直接與滾水接觸，利用蒸氣將巧克力融化。

7 將蛋糕表面均勻的沾上巧克力醬，待巧克力硬化後再沾一次。

8 剩餘巧克力醬裝入擠花袋中，在蛋糕表面劃上線條即可。

不失敗祕訣：

＊檸檬巧克力可以改用草莓或香瓜巧克力替代，製作出各種口味的蛋糕。

＊檸檬蛋糕的蛋糕體有兩種，一種是全蛋式的海綿蛋糕，另一種是重奶油蛋糕(做法見：蜜果奶油蛋糕P.90，只須刪除蜜餞、葡萄乾，其他份量不變。

心情小記：

不知道從何時開始，這道甜點與太陽餅成了台中的名產，每次只要有親友從台中返回台北，家裡就會多出一盒好吃的檸檬蛋糕；香甜不膩的口感，非常適合做為茶點。

上火/下火	160°C/180°C
單一溫度烤箱	170°C
烘烤時間	15～18分鐘
模型	檸檬形狀專用模10個，需抹奶油並撒粉
賞味期限	冷藏7天

美式舒芙里

綿密鬆軟、有點像白雲在藍藍的天空中自由悠遊。

材料：

(1) 無鹽奶油70g.、高筋麵粉90g.、　鮮奶255c.c.

(2) 蛋黃60g.（約3個）、可可粉20g.、蘭姆酒30c.c.

(3) 蛋白180g.（約6個）、細砂糖160g.

1

舒芙里杯內部塗上一層薄薄的奶油，再均勻的裹上細砂糖。

2

奶油放入鍋中，採隔水加熱法：以小火加熱至融化，熄火。

3

麵粉過篩後倒入奶油液中，攪拌成麵糰狀。分3次倒入鮮奶繼續拌勻。

4

用打蛋器不停的攪拌成濃稠醬汁狀。

5

再加入蛋黃、可可粉和蘭姆酒拌勻備用。

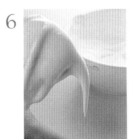

6

蛋白與細砂糖攪打至濕性發泡：顏色呈現銀白色，舉起打蛋器時，蛋白會在尾端形成倒勾狀。

★這裡很容易失敗喔！

7

將蛋白糊分3次倒入蛋黃可可麵糊中，攪拌均勻備用，千萬不可一口氣倒入。再倒入模型內約八分滿。

8

採隔水蒸烤：烤盤倒入約1公分深的熱開水後，放上舒芙里杯，再放入烤箱烘烤後即可取出。

不失敗祕訣：

* 蛋白打發後，必須立刻與蛋黃可可麵糊混合攪拌，否則蛋白內的空氣會漸漸消失，蛋糕的口感會變差。

* 一般舒芙里在烘烤完後，很容易塌陷；但美式舒芙里屬於改良式產品，它的好處是出爐後不易塌陷，可以一次多做幾個放冰箱冷藏，冰食或以烤箱稍溫熱即可，但建議熱食才可品嘗到濃郁的巧克力香。

上火/下火	160℃/180℃
單一溫度烤箱	170℃
烘烤時間	25～30分鐘
模型	直徑8公分舒芙里杯模6個
賞味期限	冷藏2天、冷凍7天

黑森林蛋糕

蛋糕的質地鬆軟有彈性、櫻桃的酸甜滋味頓時湧上心頭。

材料：

(1) 全蛋160g.（約3～4個）、細砂糖100g.、鹽1/4茶匙

(2) 低筋麵粉100g.、泡打粉1/2茶匙、可可粉10g.

(3) 沙拉油20c.c.、奶水20c.c.

(4) 藍姆酒適量、植物鮮奶油350c.c.、黑櫻桃醬罐頭1罐、
紅櫻桃3粒、細砂糖1大匙、苦甜巧克力一塊（約100g.）

1

全蛋與細砂糖、鹽混合打發，至舉起打蛋器時，蛋液可以劃線不消失的程度。

2

加入過篩的粉類。

3

★這裡很容易失敗喔！

利用攪棒由上而下輕輕翻拌均勻，不可拼命攪拌。

4

沙拉油、奶水倒入鍋中，以小火加熱至融化，熄火後倒入麵糊中攪拌均勻。

5

將麵糊倒入模型內，放入烤箱烘烤後取出倒置待涼。利用脫膜刀依模型邊緣劃一圈，將烤好的蛋糕脫模。

6

從蛋糕的側面量好一半的距離，插入數根牙籤。

7

將蛋糕橫切成兩片。

8

切片的兩面均刷上蘭姆酒備用。

9

植物鮮奶油隔著冰水從慢速開始攪拌。

10

★這裡很容易失敗喔！

攪拌機的速度隨著鮮奶油漸漸濃稠時再逐漸加快。

11

攪拌至鮮奶油有硬度，可以附著在打蛋器上即可。

12

黑櫻桃湯汁瀝出，取一半的黑櫻桃果粒切小丁，放在餐巾紙上吸乾水份。

▶

13

把瀝出的湯汁倒入鍋中，再加1大匙細砂糖，以中火煮至收汁且濃稠。

14

取約1/5的鮮奶油和濃縮的黑櫻桃汁拌勻，成為淡紫色的鮮奶油冷藏備用。

15

取少量的鮮奶油鋪於底層的蛋糕上，均勻的抹開。

16

撒上黑櫻桃丁。

17

再取少量鮮奶油均勻的抹開。

18

蓋上另一片蛋糕，蛋糕表面抹上鮮奶油。

19

側邊也抹上鮮奶油。

20

利用奶油抹刀將表面的鮮奶油抹平。

21 ★這裡很容易失敗喔！

再利用脫模刀耐心的將側邊的鮮奶油抹平。

22 ★這裡很容易失敗喔！

將紫色鮮奶油放入擠花袋中，利用擠花嘴繞著邊擠上花樣，不可太大朵，可先在紙上練習幾次。

上火/下火	160℃/180℃
單一溫度烤箱	170℃
烘烤時間	25～30分鐘
模型	8吋活動圓模1個，不需要抹油
賞味期限	冷藏2天

23

利用刮球器將巧克力
塊刮成片狀。

24

取巧克力片撒於邊
緣，此時可以放一個
空心圓模幫助整型。

25

將紫色鮮奶油擠一圈
於巧克力片的內圈。

26

再以紅櫻桃及剩餘的
黑櫻桃粒裝飾即可。

不失敗祕訣：

* 蛋糕表面塗刷上少許藍姆酒可增加香味，也可
  選擇白蘭地酒或威士忌替代。
* 如果使用動物鮮奶油，則需加3大匙細砂糖混
  合打發。
* 若使用非活動模型，請務必在模型底部鋪1張
  烘焙紙。
* 黑櫻桃罐頭分為一般和酒漬兩種，原則上正統
  的黑森林蛋糕應該使用酒漬櫻桃。
* 苦甜巧克力又稱黑巧克力，是烘焙用巧克力，
  食品材料行有多種品牌可選擇；不可拿市售做
  為零嘴用途的巧克力替代。

關於黑森林蛋糕：

黑森林是位於德國西南部的一座高原，長滿了暗
色的針葉林、盛產黑櫻桃；當地的人民每逢黑櫻
桃盛產時，都會將黑櫻桃醃漬成罐頭，再夾於巧
克力蛋糕中製成外表像極黑森林的蛋糕。若你買
到蛋糕夾層中摻雜多種水果，就只能稱為巧克力
水果蛋糕。

蜜果奶油蛋糕

糕體組織綿細紮實，
每一口都包含豐富的水果香，讓人暫時把減肥的計畫拋諸腦後，
明天再減肥吧！

材料：

（1） 高筋麵粉200g.、泡打粉1/2茶匙

（2） 白油120g.、無鹽奶油80g.、細砂糖155g.、鹽1茶匙

（3） 全蛋200g.（約4個）、奶水20c.c.、
水果蜜餞100g.、葡萄乾30g.

1

模型內部塗上一層奶油備用。

2

水果蜜餞和葡萄乾泡熱開水軟化，取出放於餐巾紙上拭乾備用。

3

拭乾的蜜餞表面撒上1/2大匙的過篩低筋麵粉，可以防止蜜餞在烘烤時陷入麵糊底部。

4

白油、奶油混合打發，至顏色呈乳白色，加入過篩的粉類拌勻呈偏乾的狀態，呈現類似餅干麵糰的組織。

5

加入細砂糖、鹽繼續攪拌均勻。

6

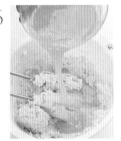

全蛋打散後，分3次加入麵糊中拌勻，再加入奶水攪拌成光滑的麵糊。

7

倒入水果蜜餞和葡萄乾，拌勻備用。

8

將麵糊倒入模型內，放入烤箱內烘烤，取出待涼後以脫膜刀扣出，切片食用。

不失敗祕訣：

＊水果蜜餞是眾多水果經由加工製成的，烘焙材料行均有售。

＊麵糊中也可以再加入酒漬葡萄乾或核果，增添蛋糕的濃郁香味。

＊奶水可改用同等份量的柳橙汁替代，讓酸甜的滋味流連於味覺中。

＊烤好的蛋糕表面可以塗抹一層鏡面果膠，增加光澤度，可至烘焙材料行購買。

＊蜜果奶油蛋糕很適合冷藏後食用，或可一次多做些放冰箱冷凍，待品嘗前，先置於室溫下退冰，再放入微波爐或烤箱內稍加熱即可。

上火/下火	170℃/180℃
單一溫度烤箱	170℃
烘烤時間	30～35分鐘
模型	22.5×10公分三角模型1個，多餘的麵糊可以裝入長13×寬7×高4公分的長形模型中
賞味期限	冷藏5天、冷凍10天

布朗尼蛋糕

核桃與巧克力的味道速配得不得了，蛋糕酥鬆的質感，反而增添一種原始的味道。

材料：

（1） 無鹽奶油200g.、細砂糖150g.、鹽1/4茶匙、全蛋150g.（約3個）

（2） 苦甜巧克力100g.、低筋麵粉170g.、可可粉30g.、核桃70g.、糖粉少許

1

奶油、細砂糖、鹽混合打發，至顏色呈乳白色。

2

全蛋分3次加入奶油糊中攪拌均勻。

3

★這裡很容易失敗喔！

巧克力切小塊，放入大盆內。煮一鍋滾水，倒入小盆中，將裝巧克力的大盆置於小盆上，底部不得直接與滾水接觸，利用蒸氣將巧克力融化。

4

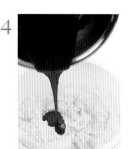

融化的巧克力倒入奶油糊中攪拌均勻。

5

低筋麵粉、可可粉過篩後，加入巧克力糊中輕輕拌勻。

6

麵糊倒入模型內，表面抹平。

7

撒上核桃，放入烤箱中烘烤，取出待涼後，表面篩上糖粉即可。

關於布朗尼蛋糕：

布朗尼(browine)是英文「女童子軍」的意思，指8～11歲的階段，顧名思義這道甜點正是美國女童子軍的招牌大作，因為小童軍們為了推動愛心募款會，特地烘烤手製餅乾或蛋糕，並且挨家挨戶推銷，而好吃的蛋糕更容易藉此口口相傳，因此食譜就一直不斷的流傳開來，甚至遠渡重洋來到東方。

不失敗祕訣：

＊粉類加入後的攪拌動作不可過大，以免烤好的蛋糕口感會太硬。

＊撒上核桃後輕壓一下核桃，讓核桃稍微陷入麵糊中，這樣烘烤後的核桃可以更緊密的附著於蛋糕上，才不會脫落。

上火/下火	160℃/180℃
單一溫度烤箱	170℃
烘烤時間	30～35分鐘
模型	20公分正方形模1個，鋪烘焙紙
賞味期限	冷藏7天、冷凍14天

香杏蛋糕

蛋糕組織比重奶油蛋糕還要細緻，且不會太油膩。

材料：

(1) 全蛋150g.（約3個）、細砂糖110g.、果糖20g.、低筋麵粉150g.、泡打粉1/2大匙

(2) 無鹽奶油60g.、沙拉油60c.c.、香草精1/2茶匙

(3) 杏桃60g.、杏仁片30g.、亮面果膠適量

1 模型內塗一層奶油，再撒上少許高筋麵粉。

2 將1/3的杏仁片鋪在模型底部。

3 全蛋與細砂糖混合打發，至舉起打蛋器時，蛋液可以劃線不消失的程度。

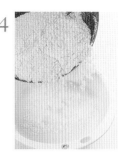

4 倒入果糖攪拌均勻，加入過篩的低筋麵粉、泡打粉和香草精拌勻備用。

★這裡很容易失敗喔！

5 無鹽奶油、沙拉油倒入鍋中，採隔水加熱法：以小火加熱至融化且溫度至70℃，熄火。

6 奶油液倒入麵糊中攪拌均勻。

7 杏桃切小丁，與1/3的杏仁片倒入麵糊內攪拌均勻。

8 將麵糊倒入模型內，撒上剩餘的杏仁片，放入烤箱烘烤後取出，以脫膜刀扣出，表面刷上亮面果膠即可。

不失敗秘訣：

* 果糖屬於單糖類，蛋糕中加入適量的果糖，則蛋糕質地較不易老化變硬。

* 奶油加熱至70℃後比重變輕，麵糊倒入模型內時，奶油才不會往下沉。

* 烘烤的過程中，若蛋糕表面已經上色（淺褐色）時，可在蛋糕表面蓋1張錫箔紙，繼續烘烤至時間到為止。

* 杏桃是一種類似水蜜桃的水果，通常經由加工製作成蜜餞，烘焙材料行均可買到。

上火/下火	200℃/180℃
單一溫度烤箱	190℃
烘烤時間	20～25分鐘
模型	長13.5×寬7×高4公分 非活動模型3個
賞味期限	冷藏7天、室溫2天

沙哈蛋糕

杏仁及杏桃的香味，令人不自覺就沈浸在貴族的氣氛中。

材料：

(1) 無鹽奶油170g.、細砂糖120g.、蛋黃100g.(約5個)、
苦甜巧克力175g.、杏仁精1/4茶匙、杏仁粉180g.

(2) 低筋麵粉60g.、可可粉2茶匙、蛋白180g.(約6個)

(3) 杏桃果醬3大匙、水1大匙、無鹽奶油75g.、裝飾用苦
甜巧克力225g.、杏桃白蘭地酒2茶匙

1

奶油與60公克的細砂糖混合打發，至顏色呈乳白色，蛋黃一次1個加入拌勻。

2 ★這裡很容易失敗喔！

巧克力切小塊，放入大盆內。煮一鍋滾水，倒入小盆中，將裝巧克力的大盆置於小盆上，底部不得直接與滾水接觸，利用蒸氣將巧克力融化。

3

倒入杏仁精和杏仁粉繼續拌勻，再加入巧克力醬拌勻。低筋麵粉和可可粉過篩，加入巧克力糊中拌勻。

4

蛋白先打至粗粒泡沫狀，再將細砂糖分2次加入打至濕性發泡；至呈銀白色，舉起打蛋器時蛋白會在尾端形成倒勾狀。

5

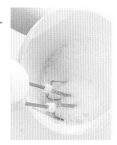

先取1/3的蛋白糊與巧克力糊混合均勻後，再倒入剩餘的蛋白拌勻。

6 ★這裡很容易失敗喔！

將麵糊倒入模型內，放入烤箱烘後即可取出置於架上，待涼切成三角形。

7

杏桃果醬、水放入鍋中，以小火煮至滾。再刷於蛋糕的表面和周圍。

8

裝飾用巧克力和75g.無鹽奶油放入鍋內，採隔熱水融化：方法同步驟2，再加入杏桃白蘭地酒拌勻後待涼約5分鐘。淋至蛋糕表面，以抹刀整平即可。

不失敗祕訣：

＊淋上巧克力的蛋糕，應請趁著巧克力尚未硬化前切，否則硬化後的巧克力表面容易因為刀切產生裂痕。

＊淋在蛋糕表面的奶油巧克力醬可以改用巧克力甘納許淋醬替代，配方及做法如下：150g.巧克力切碎放入盆內備用，再將150c.c.動物鮮奶油倒入鍋中以小火煮滾，煮時要不停攪拌，再倒入巧克力碎片中攪拌均勻即可。

上火/下火	160℃/150℃
單一溫度烤箱	160℃
烘烤時間	50～60分鐘
模型	8～9吋非活動圓模，需抹油撒粉，或鋪烘焙紙
賞味期限	冷藏5天

關於沙哈蛋糕：

沙哈（sachertorte）蛋糕又稱薩赫蛋糕或沙河蛋糕，由奧地利的薩赫飯店所發明的一道甜點，以杏桃為主材料、外表覆上巧克力醬，外觀不華麗，但吃起來卻讓人回味無窮。當年主宰歐洲的奧國首相梅特涅，曾經在薩赫飯店召開維也納會議，為了讓各國大使順從他的政策，於是試圖用該飯店的招牌點心堵住眾人的口，果然一舉成功，從此廣為流傳！

藍莓瑪芬

小巧可愛的造型與芳香的藍莓味，很適合當早餐或是下午茶的點心。

材料：

(1) 無鹽奶油110g.、細砂糖110g.、全蛋110g.（約2～3個）

(2) 低筋麵粉250g.、泡打粉1茶匙

(3) 鮮奶110c.c.、藍莓果粒罐頭190g

★這裡很容易失敗喔！

1

無鹽奶油與細砂糖混合打發，至顏色呈乳白色。

2

全蛋打散，分2次加入奶油糊中拌勻。

3

加入過篩的粉類拌勻，鮮奶分3次加入繼續拌勻。

4

再加入藍莓果粒拌勻備用。

5

將麵糊平均倒入模型內（每個麵糊約70g.），放入烤箱烘烤後，取出置於架上待涼。

不失敗祕訣：

＊藍莓果粒可選擇罐頭、冷凍或新鮮品；瑪芬的口味可依個人喜好變化成櫻桃、草莓、鳳梨、蘋果或香蕉。

上火/下火	170℃/160℃
單一溫度烤箱	170℃
烘烤時間	25～30分鐘
模型	瑪芬專用模12個，內部抹奶油並撒粉，或鋪烘焙紙
賞味期限	冷藏3天

天使蛋糕

只用蛋白製作的蛋糕，
對於想保持身材又饞嘴的朋友有福了！

材料：

（1）蛋白100g.（約3～4個）、塔塔粉1/4茶匙、鹽1/8茶匙、
　　細砂糖50g.

（2）低筋麵粉35g.、香草精1/4茶匙

1

蛋白與塔塔粉、鹽混合攪拌至粗粒泡沫狀。

2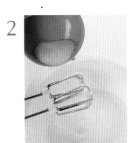

加入細砂糖。

3

攪拌至濕性發泡：至呈銀白色，舉起打蛋器時蛋白會在尾端形成倒勾狀。

4

低筋麵粉過篩後與蛋白糊攪拌均勻，再加入香草精拌勻成麵糊。

5

★這裡很容易失敗喔！

將麵糊倒入模型內，放入烤箱烘烤，取出倒置待涼後，用脫模刀沿邊緣劃一圈脫膜。

不失敗祕訣：

＊製作天使蛋糕時，蛋白打至濕性發泡即可，若打過頭成硬性發泡，則很難與麵粉混合均勻。

＊若沒有塔塔粉，也可以利用同份量的檸檬汁代替。

＊模型內部不可抹奶油，因為奶油會阻礙蛋白的膨漲。

關於天使蛋糕：

天使蛋糕(angel cake)其名是根據蛋糕本身白色的質地，有如人們印像中的純潔小天使。這是由國外傳入國內的蛋糕，最早是由誰發明的已不可考，但是全世界的西點界都稱它為angel cake。

上火/下火	150℃/130℃
單一溫度烤箱	150℃
烘烤時間	20分鐘
模型	6吋活動空心圓模1個
賞味期限	冷藏2天

杏仁貝殼蛋糕

清香的杏仁味，口感特別爽口。

材料：

(1) 無鹽奶油120g.、全蛋200g.（約4個）、細砂糖60g.、香草精1/4茶匙

(2) 低筋麵粉90g.、杏仁粉20g.、泡打粉1/4茶匙

1

模型內抹上一層奶油，撒少許高筋麵粉，放入冰箱冷藏約1小時備用。

2

奶油放入鍋中，採隔水加熱法：以小火加熱至融化熄火。

3

撈除奶油液表面浮出的白沫。

4 ★這裡很容易失敗喔！

全蛋與細砂糖放入大盆中，採隔水加熱打發：煮一鍋滾水，倒入小盆中，將大盆置於小盆上，且大盆底部不得直接與滾水接觸，以免蛋液熟化。

5

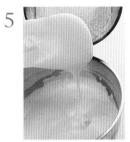

全蛋打至蛋液可以劃線的程度，再加入香草精拌勻。

6

過篩的粉類倒入蛋糊中拌勻，再倒入融化的奶油，由下往上翻拌至勻成麵糊。

7

表面蓋上保鮮膜，放入冰箱冷藏至少2個小時備用。

8 ★這裡很容易失敗喔！

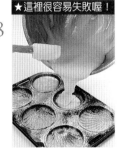

將麵糊倒入模型內，輕輕搖晃一下模型讓麵糊平整，放入烤箱內烘烤，取出後將模型翻轉，在桌面上用力敲幾下即可脫模，脫模後的蛋糕置於架上待涼。

不失敗祕訣：

＊冷藏麵糊目的是讓麵糊鬆弛，若未經過冷藏的麵糊，則蛋糕的組織會鬆散不紮實。

＊貝殼模型塗奶油撒粉後，再經過冷藏，可讓烘烤完成的蛋糕容易脫模。

份量	12個
上火/下火	170℃/180℃
單一溫度烤箱	170℃
模型	貝殼模型2組
賞味期限	冷藏3～4天

南瓜蜂蜜蛋糕

蛋糕組織綿密濕潤，特別順口好吃。

材料：

(1) 低筋麵粉200g.、泡打粉1/4茶匙

(2) 無鹽奶油90g.、白油90g.

(3) 細砂糖140g.、鹽1/2茶匙、南瓜泥150g.、
　　蜂蜜35g.、全蛋120g.（約2～3個）

1

模型內塗一層奶油。

2

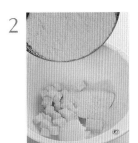

奶油切小塊與白油、過篩的粉類放入盆內,攪拌至均勻。

3

加入細砂糖、鹽、南瓜泥和蜂蜜繼續拌勻。

4

全蛋打散,分2～3次加入奶油麵糊中拌勻備用。

★這裡很容易失敗喔!

5

將麵糊倒入模型內,放入烤箱烘烤,取出後翻轉,在桌面上用力敲幾下即可脫膜。

不失敗祕訣:

＊南瓜帶皮切片後蒸熟,再挖出瓜肉搗成泥狀,放入冰箱冷凍可以保存3個月,待下次製作時再依份量取出放冷藏室退冰。

＊可於全蛋打散後加入30g.的小紅莓果乾,增添鮮豔的色澤。

＊奶油使用前必須先置於室溫下軟化,軟化的程度可以1隻手指頭輕易壓出1個凹痕即可;夏天約30分鐘,冬天約90分鐘左右。

份量	6個
上火/下火	150℃/170℃
單一溫度烤箱	160℃
烘烤時間	25～30分鐘
模型	南瓜專用模1組
賞味期限	冷藏5天

製作好吃麵包的重要材料

1.糖

製作麵包的糖大多使用細砂糖，糖可加強酵母發酵活力、促進麵包質地柔軟及提供甜味來源；但是並非所有的麵包都需要糖（如：法國麵包）。有時為了增加麵包多樣的口感，配方中除了細砂糖外，還會加入焦糖、紅糖（二砂糖）、楓糖或蜂蜜。

2.鹽

加入少量的鹽，可以穩定酵母發酵的狀況；完全沒有加鹽的麵糰發酵快速，但是容易產生發酵過度的情形。一般鹽的用量佔麵粉總量的0.8%～2.2%間，別小看這個不起眼的百分比，它可是小兵立大功喔！

3.水

麵粉要靠水揉成糰，酵母需要靠水發酵，所以水是製作麵包的重要材料。水份的多寡會影響麵糰的柔軟度，甜麵包麵糰的水份較多，所以質地較鬆軟；但法國麵包因為強調硬式嚼感，所以水份含量較少。製作麵選擇自來水或冷開水即可，但忌用蒸餾水，因為蒸餾過程中已經將礦物質排除了，無法促進酵母正常發酵。

4.蛋

加入蛋可促進麵糰柔軟、膨脹與增加香味，通常麵包多使用全蛋（指去掉蛋殼後的蛋黃和蛋白）。麵包中的蛋與水份（如：水、鮮奶）相互牽一髮而動全身，如果蛋量多則水份要相對減少，反之水份多則蛋量要減少。蛋白可增加麵筋強度，蛋黃則是加強麵包表面色澤度，若麵包中只加入蛋白，可以讓烘焙品變得白晰（如：白吐司）。

5.油脂

油脂是提供麵包香味、口感與柔軟的重要功臣，油脂的份量與種類大大影響了麵包的外觀與品質。建議你使用由新鮮牛奶提煉而成的奶油（butter），它是完全不含人工添加物的純奶油，分為含鹽與無鹽兩種。各種廠牌的天然奶油所含油脂與水的比例各不相同，油脂高售價也相對偏高。

市面上常見的人造奶油（從天然油脂中提煉，經由加工製成），包含：瑪琪琳、酥油、白油、起酥油和豬油，分為動物或植物油脂兩種。其中酥油和白油最常使用於派皮、餅干和蛋糕的配方中。

6.溫度與溼度

溫度與濕度是家庭自製麵包最難克服的一環，準備1支有溫濕度的溫度計掛在廚房的牆壁，還需要1支測量麵糰溫度的溫度計。麵糰摔打完成的理想體溫約26～28℃，而發酵室溫最好控制在26～33℃、發酵環境的相對濕度約在70%～80%之間。若室溫過低則需要替麵糰加溫，可以拿保麗龍盒當作發酵箱，放入2杯熱水（約420c.c.）保持箱內的溫濕度；若室溫過高則需要替麵糰降溫，將熱水換成冰水即可。

7.食品添加物

改良劑和乳化劑（又稱界面活性劑）是改善麵包質地的助劑，因為多種材料的混合可能會有互斥的情況發生，酌量加入可讓麵包更鬆軟可口。改良劑可以讓水質趨於中度硬水狀態，還可以增加麵糰的彈性、酵母的活力；乳化劑可以幫助水份和油脂完全融合。食品添加物也可以不加，市面上有多種廠牌，使用時請參考包裝上的說明。

麵包篇

喜歡麵包剛出爐時，每個漲得鼓鼓可愛
的模樣，讓人不禁想要咬一口；不論是
晴天或雨天、心情好或壞，都試著親手
製作麵包，你將會發現不一樣的樂趣。

麵包的基本麵糰製作

1

乾酵母倒入溫水中（28～38℃）稍攪拌，靜置5分鐘至酵母完全溶解。
＊若使用快溶酵母或新鮮酵母，則不需要此步驟。

2

粉類（如麵粉、奶粉、糖粉）倒在工作台上做一個粉牆，再將酵母水、水份（如：水、鮮奶、蛋）及其他材料（如：細砂糖、鹽、改良劑）倒入粉牆中間。
＊若配方中有低筋麵粉，則必須先過篩。

3

將旁邊的粉撥進來混合均勻。

4

將全部材料混合均勻，翻拌成粗麵塊。

★這裡很容易失敗喔！

5

加入軟化的奶油或油脂繼續搓揉成麵糰。
＊人的正常體溫約36.5℃，對於麵糰而言是過高的溫度，所以請不要過度搓揉麵糰，以免影響麵糰的組織。

6

將麵糰以摔打的方式摔出筋性，摔打時請先抓住麵糰的一端，往上高舉過頭；再將麵糰用力摔向工作台，摔2～3次後會形成長條狀。

7

抓住麵糰的一端向另一端摺起，再重覆剛步驟6，摔打至麵糰完全出筋。
＊剛開始摔打時，因為麵糰還沒有筋度，所以容易斷裂，必須再多摔幾次就不會斷裂了。摔的次數與力道有關，若力道較小，可藉由座式電動攪拌機以中速攪拌麵糰，攪拌過程中可停機試拉看看。

8

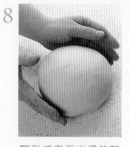

整形成表面光滑的麵糰。
＊麵糰摔打過度就會造成麵皮破裂。

★這是失敗的形狀！

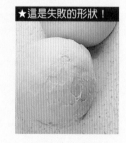

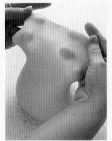

9

測試彈性：將麵糰撐開成薄膜狀且不破裂，再滾圓。
＊用溫度計確認麵糰理想溫度：26～28℃。

10

發酵盆抹上薄薄的一層沙拉油。

11

將麵糰放入發酵盆中，麵糰表面也抹上少許沙拉油，可以防止表皮乾燥。

12

蓋上保鮮膜進行第一次發酵，約40～60分鐘。

13

發酵後的麵糰漲成兩倍大。

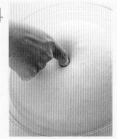

14

手指沾少許高筋麵粉，向麵糰的中心插入。

15

手指離開，洞仍保留代表發酵完成；若洞立刻彈起密合，表示發酵尚未完成，請延長發酵時間，但需要隨時觀測，以免發酵過頭了。

16

用拳頭擊向麵糰，讓麵糰吐氣，排除麵糰中的空氣。

菠蘿麵包

應該是它永不退流行的原因吧！

我想，酥脆的菠蘿皮

材料：

(1) 乾酵母7g.、溫水230c.c.、高筋麵粉500g.、奶粉30g.、全蛋75g.（約1~2個）、鹽2/3大匙、細砂糖75g.、改良劑5g.、無鹽奶油75g.

(2) 蛋黃液：蛋黃20g.（約1個）、水1大匙拌勻

(3) 菠蘿皮500g.

1 將材料（1）揉成麵糰（做法見P.108），滾成長條狀，分割成每個50g.的小麵糰。

2 將麵糰收捏成表面光滑的球狀。

3 再搓揉成圓球狀。

4 將麵糰收口朝下，排列於工作台上，蓋上保鮮膜放置室溫下鬆弛15分鐘。

5 將菠蘿皮壓平，取小麵糰（收口朝下）按壓在菠蘿皮上。

★ 這裡很容易失敗喔！

6 將菠蘿皮包裹住小麵糰2/3的面積。剛開始會較不順手，但多練習幾次就會得心應手了。

7 每個麵糰底部墊1張圓形錫箔紙，排列於烤盤上，再次發酵40分鐘至2倍大。

8 麵糰表面塗上一層蛋黃液，再放入烤箱烘烤後即可取出。

份量	20個
上火/下火	180℃/160℃
單一溫度烤箱	170℃
烘烤時間	12～15分鐘
賞味期限	冷藏3天

菠蘿皮

材料：

糖粉100g.、無鹽奶油70g.、白油70g.、鹽1/4茶匙、全蛋70g.（約1～2個）、高筋麵粉180g.

1.糖粉過篩，與奶油、白油、鹽混合打發至顏色呈乳白色。

4.用橡皮刮刀輕輕翻拌成糰。

2.全蛋打散，分2次加入拌勻。

5.整成長條狀。

3.高筋麵粉倒在工作台上，倒入拌勻的蛋糊。

6.分割成每個25g.的小塊。

不失敗祕訣：

＊翻拌菠蘿皮時，不可翻拌太用力，以免烘烤後質地變硬。

＊菠蘿皮若太過黏手，可以酌量添加20g.的高筋麵粉，若依然黏手，再放入冰箱冷藏至稍硬後再製作。

＊菠蘿皮的配方中可再加入60g.切碎的葡萄乾，做成葡萄乾菠蘿麵包。

關於西點，我有問題！

●酵母有哪幾種？

1. 乾酵母

外型呈顆粒狀，必須先泡入溫水（28～38℃）中待溶解後恢復活力，再與其他材料混合攪拌；台灣夏天溫度高達33～36℃，所以夏天時可直接使用冷開水。乾酵母平常不用時放冷藏室可保存1年；放置室溫下約保存6個月。若不常製作麵包，建議你購買小包裝的乾酵母，以免酵母受潮而影響發酵程度。

2. 新鮮酵母

新鮮酵母呈塊狀，觸感有點像奶油起司。新鮮酵母含有大量水份，在常溫下很容易產生變化，所以一定要冷凍或冷藏。冷凍保存約1個月，冷藏約1個星期；保存時務必裝入密封罐內，可避免冰箱的濕氣侵入而導致酵母發霉。使用冷凍的新鮮酵母前，必須先置於室溫下解凍，且用量增加為原用量的1.1倍。新鮮酵母不需要泡溫水溶解即可與材料混合，操作迅速且方便，是麵包店常使用的酵母，但是發酵時間為所有酵母中最緩慢的，使用量為乾酵母的2倍；新鮮酵母耐凍性強，也是製作冷凍麵糰的最佳選擇。

3. 快溶酵母

快溶酵母呈細小的顆粒狀或粉狀，不須經過溫水溶解即可使用。快溶酵母的發酵活力為所有酵母中最強的，所以使用量應減少，為乾酵母的0.7倍。快溶酵母冷藏保存約1年，室溫下約5～6個月。

＊使用量比例（以乾酵母為基準）

酵母種類	用量比例	使用方法
乾酵母	1%	泡溫水使用
新鮮酵母	2%	直接使用
快溶酵母	0.7%	直接使用

＊注意事項

(1) 使用前須確認酵母種類、保存期限。
(2) 依食譜使用的酵母種類選購，若手邊沒有相同的酵母，可依上表增減酵母份量。
(3) 精確稱量酵母重量，最好使用電子秤。

蔥花麵包

蔥花麵包就是鹹麵包的代表，一樣實家常又親切，適合一再的品嘗。

材料：

(1) 乾酵母6g.、溫水180c.c.、高筋麵粉400g.、
奶粉24g.、全蛋60g.（約1個）、細砂糖60g.、
鹽1/2茶匙、改良劑4g.、無鹽奶油60g.

(2) 蛋黃液：蛋黃20g.（約1個）、水1大匙拌勻

(3) 蔥花餡100g.

1
將材料（1）揉成麵糰
（做法見P.108），滾成
長條狀，分割成每個
50g.的小麵糰。

2
將麵糰收捏成表面光
滑的球狀，再搓成圓
球狀。

3
將麵糰收口朝下，排
列於工作台上，蓋上
保鮮膜放置室溫下鬆
弛15分鐘。

4
將鬆弛過的麵糰用手
壓扁擠出空氣後，再
次搓成圓球狀。

5
烤盤上抹一層薄薄的
沙拉油。

6
麵糰整齊的排列於烤
盤上，再度發酵40分
鐘至2倍大。

7
用剪刀將麵糰表面剪1
個十字刀紋，表面塗
上蛋黃液。

8
撒上適量的蔥花餡，
放入烤箱烘烤後即可
取出。

蔥花餡

材料：
青蔥100g.、鹽1茶匙、黑胡椒1茶匙、沙拉油
2大匙

1.青蔥洗淨後甩乾水份，
再切成細末。

2.加入其他材料拌勻。

不失敗祕訣：

＊蔥花餡中可以再加入火腿丁、培根或是玉米粒
　變化出不同風味的鹹麵包。

＊青蔥餡料為了新鮮考量，最好不要放至隔夜。

份量	15個
上火/下火	180℃/160℃
單一溫度烤箱	170℃
烘烤時間	10～12分鐘
賞味期限	冷藏3天

紅豆麵包

自製的紅豆餡最鮮美，糖和油都可以控制剛剛好，口感當然是不言可喻。

材料：

(1) 乾酵母6g.、鮮奶230c.c.、黑芝麻適量

(2) 高筋麵粉400g.、細砂糖55g.、鹽1/2茶匙、改良劑4g.、無鹽奶油75g.

(3) 蛋黃液：蛋黃20g.（約1個）、水1大匙拌勻

(4) 紅豆餡750g.

1

鮮奶放入鍋中以小火
加熱,邊煮邊攪拌至
滾後熄火,降溫至約
40℃時將乾酵母倒入
鮮奶中,稍攪拌後靜
置5分鐘,與材料(2)
揉成麵糰(做法見
P.108、2～16),滾成
長條狀,分割成每個
50g.的小麵糰。

2

將麵糰收捏成表面光
滑的球狀。

3

再將麵糰搓成圓球
狀。

4

將麵糰收口朝下,排
列於工作台上,蓋上
保鮮膜放置室溫下鬆
弛15分鐘。

5

將鬆弛過的麵糰用手
壓扁。把麵皮放在磅
秤上,舀50g.的紅豆
餡於麵皮上。

6

★這裡很容易失敗喔!

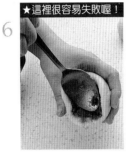

用手的虎口環繞住小
麵糰,以湯匙將餡料
壓入麵皮中,再慢慢
收起麵皮,包餡時間
請控制在10秒之內,
否則麵糰會因手溫而
發酵。

7

將收口處捏緊。

8

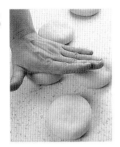

用手掌稍微將麵糰壓
平。

9

以食指關節在中間壓1
個洞,再排列於烤盤
上,蓋上保鮮膜再度
發酵40分鐘至2倍大。

10

表面塗上一層蛋黃
液。

11

撒上黑芝麻,放入烤
箱烘烤後即可取出。

▶

紅豆餡

材料：

紅豆400g.、細砂糖200g.、無鹽奶油50g.

1. 紅豆泡水6小時，讓紅豆吸飽水份。

2. 將紅豆瀝乾後放入鍋中，加入蓋過紅豆約2公分的清水，以中火將紅豆煮至滾後熄火。把紅豆水倒掉，再加入蓋過紅豆約2公分的清水，以中火將紅豆煮至滾，再轉小火慢煮。

3. 煮紅豆時要不時的攪拌，一直煮到紅豆變軟，也就是用手指可以輕易的將紅豆捏破的程度，再加入細砂糖。

★這裡很容易失敗喔！

4. 繼續以小火慢煮，煮到紅豆的湯汁都蒸發變濃稠狀，可利用木匙劃出一條清析可見鍋底的痕跡，且紅豆餡不會立刻淹蓋掉痕跡即可熄火，要隨時觀看，別煮焦了。

5. 起鍋前加入奶油拌勻。

6. 將煮好的紅豆餡倒入寬口盆中散熱，務必等熱氣散光後才可以蓋上保鮮膜放入冰箱冷藏。

（已泡水發漲）

（未泡水）

不失敗祕訣：

＊紅豆經過泡水吸足水份至發漲的程度（圖上），才可快速煮至軟。若沒時間煮紅豆，可到麵包店或烘焙材料行購買紅豆餡。

份量	15個
上火/下火	180℃/160℃
單一溫度烤箱	170℃
烘烤時間	12～15分鐘
模型	烤盤需鋪烘培紙
賞味期限	冷藏3天

關於西點，我有問題！

●高筋、中筋、低筋麵粉該如何使用？

麵粉依筋度分成高筋、中筋及低筋三種，可從以下的分類了解適合何種西點？若下次遇到食譜未清楚標示，你就可以馬上知道該用何種麵粉了。

高筋麵粉：

麵包、麵條、披薩或重奶油蛋糕。

中筋麵粉：

派皮、塔皮、包子、饅頭。

低筋麵粉：

蛋糕、泡芙、餅干。

全世界並非都依照此規定進行，如：歐美人喜歡利用高筋麵粉製作餅干、派皮、塔皮甚至蛋糕，若使用高筋麵粉製作蛋糕時，攪拌的動作就不宜過大，以免出筋；製作派皮或塔皮時，麵皮與奶油在壓疊的過程中，不可以有搓揉的動作，可避免出筋。

●泡打粉和酵母粉有何不同？

時常有些人將酵母粉誤認為泡打粉，真是大錯特錯啊！泡打粉（baking powder）遇水便開始釋放二氧化碳產生膨脹，是製作蛋糕時添加的發粉；而酵母粉（yeast）藉由吸收外面的養分進行發酵，是製作麵包、饅頭時所添加的發粉，兩者的作用都是促進蛋糕或麵包膨脹，質地才不會硬梆梆。

●配方中的細砂糖可以減少嗎？

每道食譜的糖量都是經過調整後，最符合大眾口味，所以你不必擔心糖的份量太多，若擔心食用過多的精緻糖（細砂糖），不妨購買粉狀的果糖替代，或是所有重奶油蛋糕（如：蜜果奶油蛋糕）的糖都改成紅糖，但是紅糖使用前必須先磨碎；但餅干糖量不可任意更換及增減，因為細砂糖是讓餅干酥脆的關鍵。

●可以使用鮮奶代替奶水嗎？

奶水是濃縮的鮮奶，若配方指明使用奶水，則不可以使用鮮奶替代；反之配方指明使用鮮奶，則可以將奶水稀釋後替代鮮奶，稀釋的比例為奶水：冷開水＝1：1。如果使用煉乳（蒸發奶水evaporated milk）替代鮮奶，比例為煉乳：冷開水＝1：2/3（如：煉乳30c.c.與開水20c.c.拌勻）。

芋頭麵包

濃郁芋頭香、加上麵包的鬆軟組織，吃起來特別順口。

材料：

(1) 乾酵母3g.、溫水100c.c.、高筋麵粉160g.、低筋麵粉40g.、奶粉15g.、全蛋20g.（約1/2個）、細砂糖40g.、鹽1茶匙、改良劑2g.、無鹽奶油20g.

(2) 杏仁角適量

(3) 蛋黃液：蛋黃20g.（約1個）、水1大匙拌勻

1 將材料（1）揉成麵糰（做法見P.108），滾成長條狀，分割成每個80g.的小麵糰。

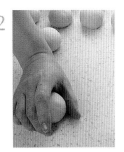

2 將麵糰收捏成表面光滑的球狀。再將麵糰搓成圓球狀。

3 將麵糰收口朝下，排列於工作台上，蓋上保鮮膜放置室溫下鬆弛15分鐘。

4 將鬆弛過的麵糰壓扁。

5 包入50g.的芋頭泥，收口捏緊。

6 收口朝下將麵糰擀平成厚度約1公分的薄片。

7 將麵糰由外向內捲成圓柱狀。

8 用刀子將捲起的麵糰切成兩等份，每個麵糰再從中間切一刀，但不要劃破見底，只需讓餡料露出即可。

9 翻開切面朝上。

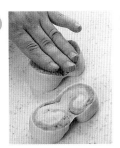

10 稍微壓一下切面，蓋上保鮮膜再度發酵30～40分鐘至2倍大。

11 麵糰表面刷上一層蛋黃液。

12 撒上少許杏仁角，放入烤箱烘烤後即可取出待涼。

▶

芋頭泥

材料：

芋頭150g.、細砂糖120g.、白油90g.

1. 芋頭去皮切片。

3. 取出蒸熟的芋頭，加入細砂糖、白油，趁熱搗成泥狀。

2. 芋頭放入盤內，放入電鍋蒸熟至軟。

4. 待芋頭泥完全散熱後，蓋上保鮮膜，放入冰箱冷藏備用。

不失敗祕訣：

* 包餡料的麵包最好盡快食用完畢，不要冷凍保存以保新鮮度。

* 芋頭可以改成番薯、花生醬、草莓醬或火腿丁。

* 芋頭味道香甜、質地膨鬆，適合炸、蒸、烤或煮，削皮後表面的黏液含有碳水化合物的半乳聚醣及蛋白質，有助於通便、消除疲勞及預防高血壓。但芋頭吃多了容易脹氣，是因為纖維素含量少，所以容易脹氣的人應酌量攝取。

份量	8個
上火/下火	180℃/170℃
單一溫度烤箱	180℃
烘烤時間	12～15分鐘
模型	烤盤需鋪烘培紙
賞味期限	冷藏2天

關於西點，我有問題！

●植物和動物鮮奶油使用的方式，有何不同？

植物鮮奶油是由植物油提煉而成，動物鮮奶油則是由新鮮牛奶提煉而成。植物鮮奶油多半用於裝飾蛋糕的表面，或製作咖啡鮮奶油、泡芙蛋黃內餡等，且因本身已經含有糖份，所以打發時不需要再添加細砂糖，保存方式為冷凍或冷藏，視品牌而定。動物鮮奶油本身不含甜味，經常運用於慕斯製作上，包裝上面有「UHT」標誌者為動物鮮奶油，保存方式為冷藏。這兩種鮮奶油打發時，最好在盆底下墊一盆冰水，較容易把鮮奶油打發且呈現最理想的狀態。

●奶油放置室溫待軟化的目的？

奶油平常不用時應放在冰箱冷藏或冷凍，冷藏後的奶油會稍硬，在烘焙前應先放置室溫待軟化，可方便攪拌；若直接隔水加熱的話，則不需要待軟化即可使用。

●如何製作出漂亮的餅干？

鋪1張烘培紙：
烘烤時一定要鋪烘培紙，烤好的餅干才容易取下，若臨時沒有烘培紙，也可以錫箔紙代替，或在烤盤表面塗抹一層薄薄的融化奶油，達到防黏的效果。

添加蘇打粉：
烘烤巧克力餅干時加一點蘇打粉，可以中和酸鹼度；奶油餅干添加蘇打粉，可以讓餅干表面呈漂亮的金黃色、酥酥脆脆的嚼感。

攪拌時間縮短：
餅干要烤得酥脆的，攪拌時間不宜過長，細砂糖與奶油攪拌均勻即可，不需要完全打發，也不必擔心細砂糖沒有融化，因為高溫烘烤時自然會將細砂糖融化。

控制烘烤溫度：
烤盤最好置於烤箱中層，烘烤溫度不需太高（約160～180℃），太高的溫度會使餅干薄的邊緣烤焦，中間厚的部分未熟。

對等距離：
鋪於烤盤上的餅干麵糰，彼此間要保持適當的距離，因為餅干遇熱會膨脹，到時候會黏成一團。且每個餅干麵糊大小必須相同，一個個整齊排列於烤盤上，這樣餅干的受熱才會均勻。

●西點的保存方式？

餅干：
以奶油及乾果類為主的餅干可以放入密封罐裡，並丟1包乾燥劑以保持罐內的乾燥，約可保存1個月。乾燥劑在食品材料行、化工材料店、五金行或迪化街均可買到。若是含有罐頭果粒的餅干，最好裝入密封袋內並放冰箱冷藏，約可保存2星期。

蛋糕、慕斯、派塔：
吃不完時，請以保麗龍盒、蛋糕盒或保鮮盒裝盛，再放入冰箱冷藏或冷凍，切忌讓糕點直接與冰箱的冷空氣接觸，否則容易流失水份，產生皺巴巴的表面。保存天數約2～7天，水份含量越高的蛋糕保存時間越短，反之則越長。冷凍過的蛋糕取出食用前，務必先置於室溫下退冰多20分鐘，或放在冷藏室退冰，覆蓋錫箔紙放入烤箱烘烤回軟，溫度約150℃，10～15分鐘。

麵包：
可放入冰箱冷藏或冷凍，冷藏的麵包壽命約2～4天，冷凍的麵包可長達30天。冷凍過的麵包食用前，最好先放置冷藏室退冰4～6小時後取出，表面撒少許的水，再放入微波爐或烤箱中加熱；微波時須蓋上保鮮膜，放入烤箱前表面須覆蓋一層錫箔紙，烤箱也要先預熱。

沙拉麵包

習慣在假日的早晨享用一個大大的沙拉麵包，非常有飽足感。

材料：

(1) 乾酵母3g.、溫水100c.c.、高筋麵粉160g.、低筋麵粉40g.、奶粉15g.、全蛋20g.（約1/2個）、細砂糖40g.、鹽1茶匙、改良劑2g.、無鹽奶油20g.

(2) 西生菜絲適量

(3) 蛋黃液：蛋黃20g.（約1個）、水1大匙拌勻

1 將材料（1）揉成麵糰（做法見P.108），滾成長條狀，分割成每個80g.的小麵糰。

2 將麵糰收捏成表面光滑的球狀。

3 再將麵糰搓成圓球狀。

4 將麵糰收口朝下，排列於工作台上，蓋上保鮮膜放置室溫下鬆弛15分鐘。

5 將鬆弛過的麵糰收口朝下，用擀麵棍擀平成厚度約0.5公分的長薄片。

★這裡很容易失敗喔！

6 將擀平的麵皮由外向內捲起，形成中間較胖，兩端較尖的橄欖狀。

7 用手按住兩端，將兩端再搓得長一點。

8 收口朝下，排列於烤盤上。

9 再用鋒利的刀子於麵皮中間輕劃一刀，蓋上保鮮膜再度發酵40分鐘至2倍大。

10 表面塗上一層蛋黃液，放入烤箱烘烤後取出待涼透。

份量	8個
上火/下火	180℃/160℃
單一溫度烤箱	170℃
烘烤時間	10～12分鐘
模型	烤盤需鋪烘焙紙
賞味期限	冷藏1天

11

12

13

用刀子在麵包上劃一刀至2/3的深度。

夾入適量的西生菜絲。

再填入蔬菜沙拉餡即可食用。

蔬菜沙拉餡

材料：

冷凍蔬菜（含紅蘿蔔、玉米、青豆仁）500g.、美乃滋100g.、鹽適量、黑胡椒適量

1.將冷凍蔬菜放入滾水中，以大火煮5分鐘至熟。

3.倒入美乃滋、鹽和黑胡椒拌勻成餡料。

2.蔬菜瀝乾水份。

不失敗祕訣：

＊沙拉麵包因為包裹新鮮蔬菜，所以一定要冷藏保存，且最好不要超過1天。

＊蔬菜沙拉餡內可以再添加馬鈴薯、火腿丁，讓味覺更豐富，但總重請控制在500g.。

關於西點，我有問題！

●有些麵糰為什麼要冰過才可使用？

需要放入冰箱冷藏或冷凍的麵糰，多半是包酥式的做法（如：起酥蛋糕），放入冰箱是避免在擀製的過程中，因為摩擦生熱而使得奶油融化流出。而麵糰在尚未包入奶油前放入冰箱是讓麵糰降溫及鬆弛，恢復正常的彈性後再進行下一個動作。所有尚未整型的包酥式麵糰必須以塑膠袋或保鮮膜包裹，再放入冰箱冷凍保存，待整型前先放入冷藏室退冰約1個小時，再放室溫下回溫，至麵糰達到適合擀製或切割的軟度。

●預做備用的麵皮冰凍得太硬時，如何處理？

可以將麵皮放置在室溫下退冰，或是置於溫暖處加速退冰的時間，但是千萬不可放入烤箱或是蒸籠內。退冰時若麵皮表面有水氣，只需拿廚房紙巾擦拭即可。建議你將麵皮分裝冷凍，每次只取需要的份量退冰；如果打算明天製作，則可以在今天晚上臨睡前將麵皮移入冷藏室退冰，節省製作的時間。

●麵糰要揉到什麼程度才算光滑有彈性？

可將揉好的麵糰拉開成薄片，如果麵糰不會輕易斷裂且可透光，就表示揉好了，若麵糰一拉就斷，就代表還沒揉製完成。利用電動座式攪拌機攪拌麵糰很容易攪拌過頭，使麵糰呈現龜紋狀，儘管再怎麼搓揉都無法讓表面光滑，所以剛開始學習時，可以將機器轉中速攪拌，攪拌過程停機多試拉看看。若家中沒有電動攪拌機，就得靠萬能的雙手搓揉麵糰，建議你用摔打的方式將麵糰摔至光滑，摔比揉輕鬆很多，而且因為麵糰與手的接觸面積少，不會讓麵糰溫度過高；摔的方式是先握住麵糰的一端，舉起超過頭頂，雙腳一前一後站立，胃部頂住工作台，台上務必乾燥無水氣，接著用力將麵糰摔向檯面上，正反兩面輪流摔，摔個兩三下後麵糰會變成長條狀，此時將前後兩端的麵糰合起，抓住接合處再重複剛才摔的動作至麵糰光滑。

●如何讓麵糰發得好又漂亮？

要掌握麵糰發酵的程度，首先要控制麵糰待發酵的空間溫度，炎熱的夏天，室溫已經超過最佳的發酵溫度，這時可以在發酵盆底下墊冰塊，盆底不可與冰塊接觸，以免溫度過低。有人問我要加速發酵的時間可否用蒸的方式？當然不可以，蒸的溫度過高會讓麵糰表面熟透。

●為什麼麵包店的麵包放置三天都不會變硬？

在製作麵包的過程中加入了改良劑和乳化劑，就可以達到這樣的效果，這兩種材料屬於化學添加劑，若在家自製麵包，可選擇不添加。即使麵包變硬了，只須在麵包表面噴少許水，再用錫箔紙包起來，放入烤箱回溫一下就會恢復柔軟度了。

全麥葡萄麵包

加了全麥麵粉的麵包，紮實的口感讓人想起歐洲鄉村的美麗景色。

材料：

(1) 乾酵母6g.、溫水210c.c.、高筋麵粉240g.、全麥麵粉120g.、低筋麵粉40g.、奶粉15g.、全蛋40g.（約1個）、細砂糖60g.、鹽1/2茶匙、改良劑4g.

(2) 葡萄乾60g.、融化的無鹽奶油40g.（融化方法見P.29）

(3) 蛋黃液：蛋黃20g.（約1個）、水1大匙拌勻

1

將材料（1）揉成麵糰（做法見P.108），蓋上保鮮膜備用，葡萄乾泡熱開水軟化。

2

★這裡很容易失敗喔！

取出葡萄乾，放置餐巾紙上拭乾水份；若水份未完全拭乾，很容易讓麵糰變得濕濕黏黏的。

3

將麵糰壓扁，鋪上葡萄乾後對摺。

4

將葡萄乾揉入麵糰中，用保鮮膜蓋住麵糰，放置室溫下鬆弛15分鐘。

5

鬆弛過的麵糰滾成長條狀，分成每個50g.的小麵糰。

6

將麵糰收捏成表面光滑的球狀，再搓揉成緊實的麵糰，收口朝下排列於烤盤上。

7

蓋上保鮮膜，再次發酵30～45分鐘。

8

待麵糰發至2倍大時，表面刷上一層薄薄的蛋黃液，放入烤箱烘烤後取出。

9

出爐後，表面刷上已融化的無鹽奶油即可。

心情小記：

通常我會把荷包蛋、生菜、番茄、起司片和火腿片準備好，夾入全麥葡萄麵包中當作早餐。荷包蛋上面撒少許鹽和黑胡椒，生菜表面擠些美乃滋，一點也不輸漢堡店喔！

不失敗祕訣：

＊喜歡軟式麵包的人可以不加低筋麵粉，而改成高筋麵粉300g.、全麥麵粉100g.。
＊可以在步驟6中，將每個小麵糰包入5g.冰硬的巧達起司，再進行發酵，如此烤好的麵包就充滿撲鼻的起司香了。

份量	16個
上火/下火	180℃/160℃
單一溫度烤箱	170℃
烘烤時間	12～15分鐘
模型	烤盤鋪烘焙紙
賞味期限	冷藏3天

牛角可鬆

奶油香味濃郁、質感酥脆，再裹上
奶油或果醬，很適合在慵懶的早晨
品嘗！

材料：

(1) 乾酵母5g.、溫水170c.c.、高筋麵粉270g.、
低筋麵粉30g.、奶粉10g.、細砂糖20g.、
鹽1茶匙、改良劑3g.

(2) 包裹用無鹽奶油150g.

(3) 蛋黃液：蛋黃20g.（約1個）、水1大匙拌勻

將材料（1）揉成麵糰
（做法見P.108），用擀
麵棍將麵糰擀成長形
，以保鮮膜包住放入
冰箱冷凍30分鐘。

取出麵糰，將包裹用
奶油放在麵糰中間，
左右兩邊向中間摺
入。

3

用保鮮膜包住麵糰，再放入冰箱冷凍20分鐘。

4

工作台上撒上少許高筋麵粉，取出麵糰放置工作台上，用擀麵棍將麵糰擀成厚度約0.5公分的薄片。

5

★這裡很容易失敗喔！

麵皮的左右兩邊向中間摺入，用保鮮膜包住放入冰箱冷凍20分鐘。取出麵皮，擀成長35×寬25公分的麵皮即可。擀製時若麵皮出現氣泡，請拿牙籤刺破。

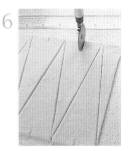

6

將麵皮分割成長25×寬10公分的三角形，每隔5公分再切一道3公分深的切痕。

7

將麵皮的耳朵依切痕的深度翻起。

8

接著將麵皮捲起成牛角狀，整齊的排列於烤盤上，再度發酵45～60分鐘至2倍大。

心情小記：

記得在瑞士讀書的時候，在前往蘇黎士的火車上都有販賣牛角可鬆，沿途我最喜歡點1杯咖啡和1個牛角，邊吃邊欣賞外面的湖光景色。我想，牛角麵包對瑞士人而言就像是我們的饅頭吧！

9

表面刷上蛋黃液，放入烤箱烘烤後取出。

不失敗祕訣：

＊可鬆麵皮的鬆脆度，與擀製時的室溫相關：若適逢夏天，奶油容易從麵皮中流出，不妨將麵糰放入冰箱冷凍來取代冷藏。

＊從冰箱取出的麵糰若太硬導致不易擀成薄片時，請拿擀麵棍以相同的力道由左至右用力的敲打麵糰，如此才容易將麵糰擀開。

＊麵糰放入冰箱後切忌常常開啟冰箱檢查麵糰的軟硬度，如此容易造成冰箱的冷度不夠，延緩麵糰降溫的時間，進而影響品質。

＊麵皮表面刷上蛋黃液後，還可以撒上芝麻或杏仁片一起烘烤。

份量	6個
上火/下火	200℃/180℃
單一溫度烤箱	180℃
烘烤時間	8～12分鐘
模型	烤盤需鋪烘培紙
賞味期限	冷藏2天

丹麥吐司

層次分明、酥鬆的質地，再佐杯咖啡，真的很對味喔！

材料：

(1) 乾酵母5g.、溫水170c.c.、高筋麵粉210g.、低筋麵粉90g.、奶粉6g.、
冰水140c.c.、全蛋40g.（約1個）、細砂糖35g.、鹽1/2茶匙、改良劑3g.、
無鹽奶油20g.

(2) 包裹用無鹽奶油115g.、杏仁片適量

(3) 蛋黃液：蛋黃20g.（約1個）、水1大匙拌勻

1

將材料（1）揉成麵糰（做法見P.108），依照麵包的基本步驟1～12，靜置發酵15分鐘。將麵糰表面劃1個十字刀紋，用保鮮膜包住放入冰箱冷凍2小時。

2

工作台上撒上少許高筋麵粉，取出麵糰擀成中間厚（2公分）、四邊薄的麵皮（0.5公分）。

★這裡很容易失敗喔！

3

將包裹用奶油放於麵皮中間，四周的麵皮向中間包入，且每片包入的麵皮寬度都要與包裹用奶油寬度相同，接縫處仔細捏合。

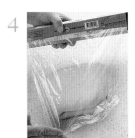

4

用保鮮膜包住後放入冰箱冷凍20分鐘。

★這裡很容易失敗喔！

5

工作台上撒少許高筋麵粉，取出麵糰放於工作台上，用擀麵棍擀成厚度約1.5公分的長薄片。

6

將麵皮左右兩邊向中間摺成3等份，以保鮮膜包住後放入冰箱冷凍20分鐘。再重複5～6動作2次。

7

取出麵皮，將麵皮擀成長45×寬18公分的長方形，再切成6條長45×寬3公分的麵皮。

8

各取3條麵皮以綁辮子的方式交叉摺疊。吐司模內部抹上少許奶油，將辮子兩端向中間摺入。

9

收口處朝下放置於模型內，表面撒上少許的水，再度發酵45～60分鐘至2倍大。麵糰表面塗上蛋黃液，撒上杏仁片，放入烤箱烘烤後取出即可。

不失敗祕訣：

* 牛角可頌和丹麥吐司都屬於包酥式麵包，此種麵糰對溫度相當敏感，只要擀製的時間過久，奶油就會來不及與麵糰融合而流出導致失敗，所以須藉由冰箱的冷凍或冷藏過程幫助。

上火/下火	170℃/170℃
單一溫度烤箱	170℃
烘烤時間	15分鐘
模型	長18×寬8.5公分非活動長方模2個
賞味期限	冷藏2天

水蜜桃丹麥麵包

鹹中帶點水果及蛋香，為麵包的外型及口味加分了許多。

材料：

(1) 丹麥麵糰1份（做法見P.132）、水蜜桃罐頭3片

(2) 奶油布丁餡300g.（做法見P.65）低筋麵粉10g.、
玉米粉10g.、細砂糖50g.、蛋黃40g.（約2個）
鮮奶200c.c.、無鹽奶油10g.

(3) 蛋黃液：蛋黃20g.（約1個）、水1大匙拌勻

1

將丹麥麵糰擀成長30×寬18公分的長方形，再切成15條長18×寬2公分的長條。

2

手握住兩端上下旋轉成螺絲狀。

3

以手指為中心繞成一個圓圈。

4

整齊的排列於烤盤上，再次發酵45～60分鐘至2倍大，中間擠入奶油布丁餡。

5

水蜜桃切小塊後鋪於奶油布丁餡上，麵皮刷上蛋黃液，放入烤箱烘烤後取出。

不失敗祕訣：

＊水蜜桃可以換成其他種類的糖漬水果罐頭，變化出各種口味的丹麥麵包。

＊麵包造型可以隨意變換，請發揮豐富的想像力創造吧。

份量	15個
上火/下火	200℃/170℃
單一溫度烤箱	180℃
烘烤時間	8～12分鐘
模型	烤盤需鋪烘培紙
賞味期限	冷藏2天

法國麵包

表皮酥脆、內部鬆軟，
再抹上香蒜奶油醬，忍不住一口接著一口！

材料：

(1) 乾酵母5g.、溫水180c.c.、高筋麵粉300g.、鹽6g.

(2) 太白粉1大匙、水210c.c.─拌勻

1 將材料（1）揉成麵糰（做法見P.108、1～12），靜置發酵2個小時。

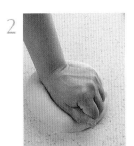

2 將麵糰放置工作台上，用手壓出空氣。

3 分成兩等份並搓揉成緊實的圓球狀。

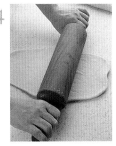

4 蓋上保鮮膜靜置鬆弛15分鐘，再用擀麵棍擀成厚度約0.5公分的長薄片。

5 將麵皮捲起成棍狀，收口仔細捏合。

6 兩端稍微搓揉一下，形成漂亮的棒狀。

7 把麵糰排列於烤盤上，表面噴少許水，再次發酵60分鐘至2倍大。

★這裡很容易失敗喔！

8 用鋒利的刀子在表面劃出三條刮痕，一口氣劃下，否則烘烤後的紋路會很醜。

9 將太白粉水以小火加熱至濃稠狀，再刷於麵皮表面，放入烤箱烘烤。進烤箱前，先在麵糰表面噴上少許水，之後每隔5分鐘再噴水一次，共三次。當麵包烘烤完成後即可出爐。

不失敗祕訣：

＊噴水及塗抹太白粉水的目的，在於讓表皮更酥脆；若家中備有蒸氣式烤箱，將更方便，可藉由水氣的循環讓表皮酥脆。

份量	2支
上火/下火	200°C/180°C
單一溫度烤箱	190°C
烘烤時間	15分鐘
模型	烤盤需鋪烘培紙
賞味期限	冷凍7天，冷藏3天

白吐司

淡淡的牛奶香、鬆軟有嚼勁，是一種百吃不厭的麵包。

材料：

(1) 乾酵母6g.、鮮奶270c.c.、高筋麵粉450g.、細砂糖27g.、
鹽1茶匙、改良劑4.5g.、無鹽奶油55g.

(2) 蛋黃液：蛋黃20g.（約1個）、水1大匙拌勻

1 鮮奶放入鍋中以小火加熱,邊煮邊攪拌至滾後熄火,降溫至約40℃時將乾酵母倒入鮮奶中,稍攪拌後靜置5分鐘,與材料(2)揉成麵糰(做法見P.108、2~12),靜置發酵1個小時至2倍大。

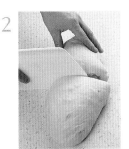

2 用手壓麵糰,將空氣擠出,再分割成兩等份。

3 每份麵糰搓揉成光滑的圓球狀。

4 蓋上保鮮膜,靜置鬆弛15分鐘。

5 再將麵糰的空氣擠出,搓揉成圓球狀。

6 整形好的麵糰收口朝下放入模型中。

7 蓋上保鮮膜,再度發酵40~60分鐘。

8 製作不加蓋的吐司:麵糰漲至九分滿時即可準備烘烤。

9 表面塗抹蛋黃液,放入烤箱烘烤後即可取出,取出後立刻脫模待涼。

不失敗祕訣:

* 純素食者可以不刷蛋黃液。
* 白吐司切片後,可放入烤麵包機烘烤至酥酥脆脆,再抹上花生醬或蜂蜜做成夾片吐司。
* 若想要製作正方型的吐司,可待麵糰發漲至模型的八分滿時蓋上蓋子,蓋子接觸麵糰的那一面需抹少許奶油,但是麵糰本身不需要塗抹蛋黃液即可進烤箱烘焙。

上火/下火	180℃/200℃
單一溫度烤箱	190℃
烘烤時間	20~25分鐘
模型	長21.5×寬12公分長方形 無蓋吐司模1個,模型需抹油
賞味期限	冷凍30天、冷藏2天

關於西點，我有問題！

●過期的食材或原料直接丟掉？

製作糕點的時候，千萬不要因為可能會失敗而使用較普通的材料，高品質的材料反而可以幫助糕點產生最佳的效果，因此，即使是烘焙新手，也要選用好品質且新鮮的好食材。至於過期的食材或原料，可丟棄不用，其中與糕點成功與否有著絕對相關的材料包括了：泡打粉、小蘇打粉、酵母粉和麵粉等材料。

●該如何存放烘焙材料？

通常喜愛烘焙的讀者們一定採買了許多原物料，若將這些原物料隨意散落在廚房櫥櫃或冰箱中，要用的時候很難找。因此，烘焙的原物料應該有專門的儲物空間，例如用小收納盒將小包裝的發粉、酵母粉、泡打粉等等粉類收放起，需要冷藏冷凍的原物料，則可用稍大收納盒先歸納再放入冰箱，就不必擔心臨時找不到所需的材料了。

●製作時找不到失敗的原因怎麼辦？

如果同一款點心連續失敗兩次，可能是原本的食譜並不正確，或是自己本身的材料有問題，如果這兩方面都沒有錯，那麼就應該試試其他的食譜，或是直接向經驗更豐富的朋友請教。有的時候，在旁看著老師從頭操作，才能找到自己的問題在哪裡。

●打發雞蛋一定要用剛買回來的嗎？

從超市或市場買回家的雞蛋應該立刻放入冰箱冷藏，尤其是夏天，等到要製作糕點前的15分鐘再從冰箱取出退冰，這樣可以保有雞蛋的新鮮度。使用前應先將蛋殼洗淨後擦乾，以避免任何水氣阻礙了蛋的鬆發狀態。在打發全蛋時，如果盆子底下墊著另一盆溫熱水，可幫助雞蛋更順利的鬆發；而在打發蛋白時，盆子內或打蛋器上則不可有任何一丁點的水氣和蛋脂。蛋黃和細砂糖則在要攪拌時才可以混合，太早混合可能導致蛋黃和糖凝結而無法製作。

●鮮奶油該如何選擇使用？

鮮奶油分成動物性和植物性的鮮奶油，通常製作慕斯、煮濃湯和炒義大利麵時選用動物性鮮奶油，塗抹在蛋糕表面的奶油擠花則選用植物性鮮奶油。打發鮮奶油時，底下墊另一盆加冰塊的水，可以幫助鮮奶油更快凝結，鮮奶油內加糖粉也有此功效。

●奶油該如何選擇使用？

通常製作糕點時選用無鹽奶油，如果食譜中沒有特別強調，則含鹽的奶油亦可。奶油的好壞可以從香氣來區分，一般品質好的奶油香氣非常自然，不會過分濃稠。讀者在選購時，可盡量選用天然無添加的純奶油來製作，避免選用廠商已經加工過的奶油抹醬。

最受歡迎
的西點篇

你知道目前蛋糕麵包店、網路最受歡迎的西點是什麼？這一篇特別增加了可麗露、茅屋起司派、宇治金時布丁和鄉村黑麥麵包等多道流行西點，有蛋糕、餅乾和麵包，應有盡有，不妨全都做給家人、朋友品嘗。

可麗露

擁有獨特、小巧可愛外型的可麗露，嚐一口滿是化不開的香草味和蘭姆酒香，小小一顆，甜而不膩。

材料：

(1) 奶油50g.、牛奶500g.、香草豆莢醬2茶匙

(2) 全蛋100g.（約2個）、蛋黃40g.（約2個）、糖粉200g.、
低筋麵粉100g.、蘭姆酒10c.c.

(3) 塗抹用融化奶油150g.

1

將50g.奶油放入鍋中，採隔水加熱法，以小火加熱到70℃至融化，熄火。

2 ★這裡很容易失敗喔！

牛奶和香草豆莢醬混合放入小鍋，以中火煮至牛奶沸騰，熄火，蓋上鍋蓋。

3

將全蛋、蛋黃和過篩的糖粉放入另一鋼盆內混合，用攪拌器中速充分攪拌。

4

低筋麵粉過篩後加入蛋糊中混合，接著加入融化奶油和蘭姆酒。

5

緩緩加入牛奶，用攪拌器充分攪拌均勻成麵糊。將麵糊以細目篩網過濾1次。

6

置於一旁麵糊降溫後蓋上保鮮膜，放入冰箱冷藏隔夜。

7

將150g.奶油放入鍋中，採隔水加熱法，以小火加熱至融化，熄火。

8

融化的奶油先倒入一個專用烤模內至滿。

9

再將奶油倒出，模型倒扣讓多餘奶油流出，重複動作讓每一個烤模內都均勻覆上奶油。

10

將烤模放入冰箱冷藏約15分鐘，取出即可裝填麵糊。

11 ★這裡很容易失敗喔！

烤箱預熱至170℃。麵糊倒入烤模約9分滿，入烤箱以170℃烤50分鐘，再轉200℃烤20分鐘。烤時麵糊會膨脹，戴上手套取出模型左右搓動讓麵糊下沉，烤至麵糊表面呈現近完全焦黑，或聞到焦香味道。

12

取出模型倒扣在網架上，即可輕易的將可麗露取出，待降溫後放置在室溫陰涼處，蓋上蓋子避免變硬，約12小時後再食用。

關於可麗露：

來自法國波爾多地方的可麗露（Canelé），來源眾說紛紜，其中之一相傳是當地修道院中的修女因不願浪費食材而烘焙出來的傳統點心。這道點心因在製作過程中使用了有凹槽（Canelé）的銅製模型而有此名。其特色是成品外表烤至焦黑酥脆且帶香味，內部卻柔軟、有Q勁，散發出香草和蘭姆酒的香氣，內外口感差異極大，是法國代表性的點心。

份量	12個
第一次上火/下火	170℃/180℃
單一溫度烤箱	170℃
第二次上火/下火	200℃/210℃
單一溫度烤箱	200℃
烘烤時間	70分鐘
模型	可麗露烤模12個
賞味期間	冷藏7～10天

咖啡菠蘿泡芙

咖啡香酥的菠蘿外皮，咬一口後噴出的濃郁布丁餡，絕對是各年齡階層都喜愛的點心。

材料：

(1) 糖粉100g.、無鹽奶油140g.、
　　 鹽1/4茶匙、全蛋50g.（約1個）、
　　 高筋麵粉180g.、即溶咖啡粉2茶匙
(2) 水60c.c.、鮮奶65c.c.、無鹽奶油75g.、
　　 細砂糖1大匙、鹽1/2茶匙
(3) 高筋麵粉100g.、全蛋150～160g.（約3個）
(4) 塗抹用奶油適量

1 將材料（1）中的糖粉、無鹽奶油和鹽放入攪拌盆中，用攪拌器充分拌勻。

2 加入蛋攪拌均勻。

3 加入180g.過篩的高筋麵粉和咖啡粉，改用橡皮刮刀將材料充分拌勻成咖啡菠蘿麵糰。

4 咖啡菠蘿麵糰蓋上保鮮膜，放入冰箱冷凍約2小時。

5 將材料（2）中的水、鮮奶、無鹽奶油、細砂糖和鹽放入鍋中，以小火加熱至沸騰，熄火。

6 加入100g.過篩的高筋麵粉，以木匙拌勻成糰，再開小火，讓麵糰在鍋中攪拌加熱，至鍋底出現一層白色的薄膜，熄火。

★這裡很容易失敗喔！

7 將打散的蛋液一點一點分次加入鍋中攪拌，拌至攪拌是提起麵糊時，麵糊以非常緩慢的速度滑下，停止加蛋液，即成泡芙麵糰，倒入擠花袋中。

8 烤箱以200℃預熱，烤盤鋪上錫箔紙，塗上少許份量外的奶油。將麵糰擠成6小堆放在烤盤上，再以沾水的手指將凸起的部分稍微整平。

9 取出冷藏後的菠蘿皮麵糰，取10g.麵糰搓圓後壓扁，覆蓋在泡芙表面，放入烤箱烘烤。

10 取出烤好的泡芙，放置在網架上待涼，再橫向切一個開口。

11 將咖啡奶油布丁餡擠入泡芙內，冷藏冰涼後即可食用。

咖啡奶油布丁餡

材料：

低筋麵粉20g.、玉米粉20g.、細砂糖100g.、全蛋75g.（約11/2個）、鮮奶300c.c.、濃縮咖啡100c.c.、無鹽奶油20g.

1. 將混合過篩後的低筋麵粉、玉米粉，和細砂糖、蛋混合攪拌成粉糊狀。

2. 將鮮奶和咖啡倒入鍋內，煮至沸騰，慢慢加入粉糊混合攪拌。

3. 將粉糊倒回鍋中，以小火加熱並不的攪拌至濃稠，熄火。

4. 加入奶油拌勻，趁熱將布丁餡倒入擠花袋內，待涼後再使用。

不失敗祕訣：

* 咖啡菠蘿可以在製作泡芙的前一個禮拜製作好，冷凍備用。平時也可以用來製作菠蘿麵包。
* 咖啡奶油布丁餡可以在製作泡芙的前2天製作好，冷藏備用。平時也可以當作鬆餅或是蛋糕的夾餡。
* 濃縮咖啡200c.c.，是指用約2大匙即溶咖啡粉配170c.c.的熱水來調配，當然也可用現煮的研磨濃縮咖啡。

份量	約24個
上火/下火	200℃/200℃
單一溫度烤箱	200℃
烘烤時間	15～18分鐘
賞味期限	冷藏3天

茅屋起司派

不需經過烘烤，吃起來冰冰涼涼的茅屋起司派，是最適合炎熱夏天的西點。酥脆的餅干搭配新鮮的起司，清爽的口感讓人一口接著一口。

材料：

(1) 奶油起司（cream cheese）65g.、鮮奶100g.、吉利丁3片 （約8g.）

(2) 蛋黃40g.（約2個）、細砂糖30g.、蛋白2個、細砂糖40g.

(3) 無糖動物鮮奶油100g.、瑪斯卡邦起司（mascarpone cheese）150g.

(4) 消化餅干140g.、無鹽奶油70g.

關於茅屋起司派：

原本茅屋起司使用的是科提吉起司（cottage cheese），這是一種新鮮乳酪，有效期短且價格浮動較大，台灣市場的消費者並不多，所以很難採買。因此，這裡特地改用消費者較熟悉且容易取得的奶油起司和瑪斯卡邦起司。

1

吉利丁片泡冷開水軟化，擰乾。奶油起司和牛奶隔水加熱，拌勻後加入吉利丁片拌至融化，熄火。

2

蛋黃和30g.細砂糖混合，用攪拌器快速打至鬆發，加入起司牛奶糊混合。

3

蛋白放入乾淨的盆中，快速打至粗粒泡沫狀，40g.細砂糖分3次加入，用中速打至乾性發泡。

4

將打發的蛋白分次加入起司蛋黃糊中攪拌均勻。

5

鮮奶油隔著冰水打至6成凝固，加入瑪斯卡邦起司和鮮奶油。

6

將起司蛋黃糊和起司鮮奶油糊混合拌勻成麵糊。

7

將麵糊倒入半圓球體模型，蓋上保鮮膜，放入冰箱冷凍2小時。

8

無鹽奶油放入鍋中，採隔水加熱以小火加熱至融化，熄火。

9

消化餅干放入塑膠袋內敲碎，加入融化奶油混合拌勻，預留1大匙材料當裝飾用。

10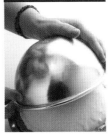

派模內鋪錫箔紙，鋪入餅干，以杯底壓平且緊實，套塑膠袋放入冰箱冷藏1小時凝固。

11

派模放置在工作台上，將冷凍麵糊模底浸泡熱水10秒，整個倒扣在派模上。

12

表面撒上預留的1大匙餅干碎即可。

不失敗祕訣：

＊這份食譜中因含有生雞蛋，所以務必放入冰箱冷凍後再取出食用，這種低溫殺菌可顧及食品衛生的安全。同時解凍後應立即食用完畢，避免蛋糕放置在室溫中過久。

份量	1個
模型	6吋圓派模1個
	直徑約15公分的半圓球體模型1個
賞味期間	冷藏3～4天

法式鹹蔬派

偶爾來個鹹味的派如何？以多種蔬菜做成的餡料，加上特殊的香氣調味料，在家就能親嚐異國美味。

材料：

(1) 中筋麵粉400g.、鹽2茶匙、帕馬森起司粉（parmesan cheese powder）2大匙、冰水140c.c.、無鹽奶油130g.

(2) 塗抹用蛋液適量、南瓜籽適量

(3) 白花椰菜300g.、洋蔥75g.、胡蘿蔔35g.、水煮蛋4個、麵包粉100g.、無鹽奶油50g.、無糖動鮮奶油200c.c.、黃芥茉醬3大匙、鹽適量、黑胡椒粉適量

(4) 高筋麵粉少許、沙拉油少許

1
130g.無鹽奶油切小塊，冷凍30分鐘。將中筋麵粉和鹽混合過篩在工作台上，加入冷凍奶油和起司粉，用切麵刮刀將材料混合切成小粒狀。

★這裡很容易失敗喔！

2
慢慢加入冰水，一手拿刮刀另一手將材料混拌均勻，揉搓成糰，再將成糰的材料反覆按壓成均勻的麵糰，麵糰稍微壓扁。

3
包上保鮮膜，放入冰箱冷藏鬆弛至少1小時。

4
白花椰菜切小朵，洋蔥切丁，胡蘿蔔刨絲，全部放入滾水汆燙，撈起瀝乾。

5

50g.無鹽奶油放入鍋中以小火加熱，加入麵包粉炒至顏色變淡褐色。

6

倒入鮮奶油、鹽、黑胡椒粉和黃芥茉醬煮，沸騰後加入白花椰菜、洋蔥和胡蘿蔔煮一下。

7

熄火後放入切塊的水煮蛋，混合成餡料。

8

工作台上撒些許高筋麵粉，取出麵糰切成兩份，每一份都以擀麵棍擀成薄片。

9

以直徑10公分空心模壓出12片小圓麵皮，放入模型中整平。

10

另以直徑5公分空心模壓出12片小圓麵皮。

11

將餡料填入派皮，盡量壓得緊密，再蓋上小片的圓片麵皮，兩張麵皮接合處用叉子壓緊。

12

烤箱預熱180℃。麵皮表面塗蛋液，並以南瓜籽裝飾表面，放入烤箱烘烤，取出略降溫後即可食用。

不失敗祕訣：

＊讀者也可以在餡料中加入煙燻火腿、雞肉或是鮭魚。

＊可以將未烤的生派放入保鮮盒內入冰箱冷凍，食用前取出退冰，再經過烘烤即可品嚐。

＊放入派皮時，容易因為空氣進入而使得派皮不平整，因此在填入派餡時，記得盡量向下壓緊實。

份量	約24個
上火/下火	180℃/190℃
單一溫度烤箱	180℃
烘烤時間	25分鐘
模型	直徑約10公分的空心模1個
	直徑5公分空心模1個
	直徑5公分深度4.5公分派模12個
賞味期間	冷藏3天、冷凍10天

楚弗杯子蛋糕

柳橙、檸檬口味的酸甜克林姆，搭配海綿蛋糕真是絕配，口感清爽，回味無窮。

材料：

(1) 無糖植物鮮奶油200g.、糖粉40g.、白蘭地10c.c.

(2) 海綿蛋糕400g.（做法見P.80）、白蘭地30c.c.、芒果1個、奇異果2個

1

植物鮮奶油和糖粉混合，隔冰水用攪拌器充分攪拌，直到鮮奶油變得濃稠，加入10c.c.白蘭地拌勻，放入冰箱冷藏。

2

海綿蛋糕切小塊，兩面均勻刷上30c.c.白蘭地。

3
★這裡很容易失敗喔！

表面覆上香吉士克林姆。

4

芒果去皮切下果肉，奇異果去皮切小塊。將一半的水果放在香吉士克林姆上面。

5

取適量冷藏過的鮮奶油覆蓋在水果表面。

不失敗祕訣：

＊水果的種類不限，只要是當季盛產、味美多汁的水果皆可。

＊海綿蛋糕的口味也不拘，原味、巧克力、草莓或抹茶皆適宜。

＊亦可以使用蘭姆酒、水果酒取代白蘭地酒。

份量	約4杯
模型	透明玻璃杯
賞味期間	冷藏2天

香吉士克林姆

材料：

蛋黃40g.（約2個）、細砂糖20g.、低筋麵粉10g.、柳橙汁200c.c.、檸檬汁15c.c.

★這裡很容易失敗喔！

1.蛋黃和細砂糖混合，用攪拌器充分攪拌至蛋黃顏色變淡，體積膨脹。

2.加入過篩的低筋麵粉拌勻成蛋黃液。

3.將柳橙汁倒入鍋內，以微火加熱至快要沸騰，熄火。

4.柳橙汁倒入蛋黃液中混合拌勻，再次倒回小鍋以微火加熱，邊加熱邊攪拌，至材料變得濃稠且沸騰，熄火，接著加入檸檬汁拌勻即可。

鄉村黑麥麵包

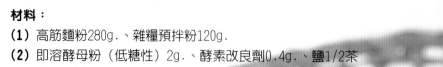

吃得到雜糧香且帶咀嚼感的歐式健康麵包，不論單吃或搭配奶油食用，都是早餐的極佳享受。

材料：

(1) 高筋麵粉280g.、雜糧預拌粉120g.

(2) 即溶酵母粉（低糖性）2g.、酵素改良劑0.4g.、鹽1/2茶匙、黑糖20g.

(3) 水220～240c.c.、橄欖油2大匙

(3) 裝飾用高筋麵粉

1
除了橄欖油，所有材料混合攪拌成粗麵塊（做法見p.108、1～4）。

2
加入橄欖油，繼續搓揉成表面光滑的麵糰（做法見p.108、5～8）。

3
依照麵包的基本步驟9～16操作，做第一次發酵（做法見p.109）。

4
取出麵糰分割成兩等分，搓圓。

5
蓋上保鮮膜，放置溫暖處進行第二次發酵45～60分鐘。

6
進入烤箱烘焙前10分鐘，將麵糰表面刷上少量的水，撒上高筋麵粉，再用小刀於表面劃出淺淺的刻痕。

7
麵糰底部可鋪鋁箔紙，放在烤盤上，放入烤箱烘烤，烤好後取出放置在網架上降溫。

不失敗祕訣：

* 雜糧預拌粉可以在全省烘焙材料行購買。
* 亦可以使用其它液態油或是奶油取代橄欖油。
* 0.4g的量該如何測量呢？可購買最微量可測到0.1克的電子秤，如果沒有電子秤，可用大約1/4小匙（1.25g.）的一半不到。
* 做法5.中的溫暖處，是指最好控制在28～30℃內，所以，夏天製作時若「室溫」早已高出這個溫度時，必須讓麵糰在陰涼處發酵。
* 酵素改良劑的功能在於能調整麵糰的筋度和酸鹼度，可以延緩麵糰的老化現象，吃起來不會太粗糙，口感較佳。若買不到，不放也可以。

份量	2個
上火/下火	180℃/ 200℃
單一溫度烤箱	170℃
烘烤時間	20～25分鐘
賞味期間	室溫2天、冷藏7天、冷凍30天

COOK50099

不失敗西點教室經典珍藏版

660張圖解照片＋近200個成功秘訣，做點心絕對沒問題

國家圖書館出版品預行編目資料

不失敗西點教室經典珍藏版——
660張圖解照片＋近200個成功秘訣，
做點心絕對沒問題／
王安琪　著.─初版─台北市：
朱雀文化，2009〔民98〕
面；　　公分，─（Cook50；099）
ISBN　978-986-6780-53-0（平裝）
1.點心食譜
427.16　　　　　　　98012888

作者■王安琪

攝影■徐博宇、廖家威

美術設計■非衣、許淑君

文字編輯■葉菁燕、彭文怡

企劃統籌■李橘

發行人■莫少閒

出版者■朱雀文化事業有限公司

地址■台北市基隆路二段13-1號3樓

電話■(02)2345-3868

傳真■(02)2345-3828

劃撥帳號■19234566 朱雀文化事業有限公司

e-mail■redbook@ms26.hinet.net

網址■http://redbook.com.tw

總經銷■成陽出版股份有限公司

ISBN■978-986-6780-53-0

初版一刷■2009.08

定價■320元

出版登記■北市業字第1403號

全書圖文未經同意不得轉載

出版登記北市業字第1403號
全書圖文未經同意，不得轉載和翻印